国防科技图书出版基金

"十三五"国家重点出版物出版规划项目

可靠性新技术丛书

电子产品可靠性分析与风险评估

Reliability Analysis and Risk Evaluation of Electronic Products

陈 颖 康 锐 等著

U0332419

国防工业出版社

·北京·

图书在版编目(CIP)数据

电子产品可靠性分析与风险评估 / 陈颖等著. —北京:国防工业出版社, 2023.3 重印
(可靠性新技术丛书)
ISBN 978-7-118-12428-6

Ⅰ. ①电… Ⅱ. ①陈… Ⅲ. ①电子产品可靠性 Ⅳ. ①TN606

中国版本图书馆 CIP 数据核字(2021)第 228616 号

※

国防工业出版社 出版发行
(北京市海淀区紫竹院南路 23 号 邮政编码 100048)
北京龙世杰印刷有限公司印刷
新华书店经售
*
开本 710×1000 1/16 插页 4 印张 13¾ 字数 222 千字
2023 年 3 月第 1 版第 2 次印刷 印数 2001—3000 册 定价 98.00 元

(本书如有印装错误,我社负责调换)

国防书店: (010)88540777   书店传真: (010)88540776
发行业务: (010)88540717   发行传真: (010)88540762

致 读 者

本书由中央军委装备发展部**国防科技图书出版基金**资助出版。

为了促进国防科技和武器装备发展，加强社会主义物质文明和精神文明建设，培养优秀科技人才，确保国防科技优秀图书的出版，原国防科工委于 1988 年初决定每年拨出专款，设立国防科技图书出版基金，成立评审委员会，扶持、审定出版国防科技优秀图书。这是一项具有深远意义的创举。

国防科技图书出版基金资助的对象是：

1. 在国防科学技术领域中，学术水平高，内容有创见，在学科上居领先地位的基础科学理论图书；在工程技术理论方面有突破的应用科学专著。

2. 学术思想新颖，内容具体、实用，对国防科技和武器装备发展具有较大推动作用的专著；密切结合国防现代化和武器装备现代化需要的高新技术内容的专著。

3. 有重要发展前景和有重大开拓使用价值，密切结合国防现代化和武器装备现代化需要的新工艺、新材料内容的专著。

4. 填补目前我国科技领域空白并具有军事应用前景的薄弱学科和边缘学科的科技图书。

国防科技图书出版基金评审委员会在中央军委装备发展部的领导下开展工作，负责掌握出版基金的使用方向，评审受理的图书选题，决定资助的图书选题和资助金额，以及决定中断或取消资助等。经评审给予资助的图书，由中央军委装备发展部国防工业出版社出版发行。

国防科技和武器装备发展已经取得了举世瞩目的成就，国防科技图书承担着记载和弘扬这些成就，积累和传播科技知识的使命。开展好评审工作，使有限的基金发挥出巨大的效能，需要不断摸索、认真总结和及时改进，更需要国防科技和武器装备建设战线广大科技工作者、专家、教授，以及社会各界朋友的热情支持。

让我们携起手来，为祖国昌盛、科技腾飞、出版繁荣而共同奋斗！

国防科技图书出版基金

评审委员会

可靠性新技术丛书

丛书序

可靠性理论与技术发源于 20 世纪 50 年代,在西方工业化先进国家得到了学术界、工业界广泛持续的关注,在理论、技术和实践上均取得了显著的成就。20 世纪 60 年代,我国开始在学术界和电子、航天等工业领域关注可靠性理论研究和技术应用,但是由于众所周知的原因,这一时期进展并不顺利。直到 20 世纪 80 年代,国内才开始系统化地研究和应用可靠性理论与技术,但在发展初期,主要以引进吸收国外的成熟理论与技术进行转化应用为主,原创性的研究成果不多,这一局面直到 20 世纪 90 年代才开始逐渐转变。1995 年以来,在航空航天及国防工业领域开始设立可靠性技术的国家级专项研究计划,标志着国内可靠性理论与技术研究的起步;2005 年,以国家 863 计划为代表,开始在非军工领域设立可靠性技术专项研究计划;2010 年以来,在国家自然科学基金的资助项目中,各领域的可靠性基础研究项目数量也大幅增加。同时,进入 21 世纪以来,在国内若干单位先后建立了国家级、省部级的可靠性技术重点实验室。上述工作全方位地推动了国内可靠性理论与技术研究工作。当然,随着中国制造业的快速发展,特别是《中国制造 2025》的颁布,中国正从制造大国向制造强国的目标迈进,在这一进程中,中国工业界对可靠性理论与技术的迫切需求也越来越强烈。工业界的需求与学术界的研究相互促进,使得国内可靠性理论与技术自主成果层出不穷,极大地丰富和充实了已有的可靠性理论与技术体系。

在上述背景下,我们组织撰写了这套可靠性新技术丛书,以集中展示近 5 年国内可靠性技术领域最新的原创性研究和应用成果。在组织撰写丛书过程中,坚持了以下几个原则:

一是**坚持原创**。丛书选题的征集,要求每一本图书反映的成果都要依托国家级科研项目或重大工程实践,确保图书内容反映理论、技术和应用创新成果,力求做到每一本图书达到专著或编著水平。

二是**体系科学**。丛书框架的设计,按照可靠性系统工程管理、可靠性设计与实验、故障诊断预测与维修决策、可靠性物理与失效分析 4 个板块组织丛书的选题,基本上反映了可靠性技术作为一门新兴交叉学科的主要内容,也能在一定时期内保证本套丛书的开放性。

三是**保证权威**。丛书作者的遴选，汇聚了一支由国内可靠性技术领域长江学者特聘教授、千人计划专家、国家杰出青年基金获得者、973项目首席科学家、国家级奖获得者、大型企业质量总师、首席可靠性专家等领衔的高水平作者队伍，这些高层次专家的加盟奠定了丛书的权威性地位。

四是**覆盖全面**。丛书选题内容不仅覆盖了航空航天、国防军工行业，还涉及了轨道交通、装备制造、通信网络等非军工行业。

本套丛书成功入选"十三五"国家重点出版物出版规划项目，主要著作同时获得国家科学技术学术著作出版基金、国防科技图书出版基金以及其他专项基金等的资助。为了保证本套丛书的出版质量，国防工业出版社专门成立了由总编辑挂帅的丛书出版工作领导小组和由可靠性领域权威专家组成的丛书编审委员会，从选题征集、大纲审定、初稿协调、终稿审查等若干环节设置评审点，依托领域专家逐一对入选丛书的创新性、实用性、协调性进行审查把关。

我们相信，本套丛书的出版将推动我国可靠性理论与技术的学术研究跃上一个新台阶，引领我国工业界可靠性技术应用的新方向，并最终为"中国制造2025"目标的实现做出积极的贡献。

康锐

2018年5月20日

前言

确信可靠性理论给出的可靠性科学原理是裕量可靠、退化永恒和不确定性;建立的可靠性测度是概率测度、不确定测度和机会测度。本书内容基于确信可靠性理论,采用概率测度,从建立裕量方程、退化方程和不确定性量化方程3个方面入手,提供进行电子产品可靠性分析与风险评估的新方法。

本书第1章是认识和理解基于确信可靠性理论和故障行为理论进行电子产品可靠性分析和风险分析方法的关键,给出确信可靠性的理论框架、可靠性与风险的概念和关系,总结电子产品中常用的设计、分析方法以及概率风险分析方法,并指出这些方法存在的问题。

本书第2章至第5章从电子产品的"可靠行为"入手,采用确信可靠性理论中基于性能裕量的可靠性度量公式,逐一开展裕量建模与可靠性分析。第2章介绍电性能裕量建模与可靠性分析方法,这是电子产品可靠性分析最基础的一步,即分析各电子元器件性能参数的不确定性对电子产品输出性能参数的影响。第3章至第5章分别从热性能、振动性能、电磁性能这3种电子产品最典型的性能特征着手,给出建立相应性能裕量模型的方法及进一步开展可靠性度量分析的方法。

本书第6章至第8章从引起电子产品的电性能、热性能、振动性能和电磁性能等性能退化的"故障行为"入手,介绍电子产品的风险分析方法。第6章介绍考虑故障机理之间物理相关关系的故障机理树方法;第7章介绍基于故障行为的风险评估方法;第8章介绍基于引导仿真的故障场景自动推理方法。

本书第1章由康锐、陈颖撰写;第2章由杨天钰、康锐撰写;第3章由王羽佳、康锐撰写;第4章由王泽、康锐撰写;第5章由李颖异、康锐撰写;第6章、第7章由陈颖撰写;第8章由陈颖、门伟阳、杨松撰写;全书由陈颖统稿,王艳芳、王震等参与书稿整理工作。

本书在确信可靠性理论基础上构建电子产品可靠性分析与风险评估方法,是作者科研团队最新理论成果的应用实践。新的探索和实践过程会存在很多不足之处,书中也难免存在不妥之处,欢迎广大读者提出意见和建议。

康锐

于北京航空航天大学为民楼

2020 年 9 月 1 日

缩略语

平均故障间隔时间（mean time between failure，MTBF）

故障模式影响与危害性分析（failure mode effects and criticality analysis，FMECA）

故障模式机理与影响分析（failure mode，mechanism and effect analysis，FMMEA）

故障诊断与健康管理（prognostic and health monitoring，PHM）

故障树分析（failure tree analysis，FTA）

电子产品可靠性综合评估软件（comprehensive reliability assessment for electronics，CRAFE）

功能、性能和裕量分析（function，performance and margin analysis，FPMA）

实验设计（design of experiment，DOE）

美国国家航空航天局（National Aeronautics and Space Administration，NASA）

事件树/故障树（event tree/fault tree，ET/FT）

概率风险分析（probabilistic risk analysis，PRA）

主逻辑图（master logic diagram，MLD）

功能事件顺序图（function event sequence diagram，FESD）

动态概率风险评估（dynamic probabilistic risk assessment，DPRA）

单元映射法（cell-to-cell mapping technique，CCMT）

离散动态事件树（discrete dynamic event tree，DDET）

二元决策图（binary decision diagram，BDD）

望目（nominal-the-better，NTB）

望小（smaller-the-better，STB）

望大（larger-the-better，LTB）

电子设计自动化软件工具（electronics design automation，EDA）

通用模拟电路仿真器（simulation program with integrated circuit emphasis，SPICE）

等效串联电阻值（equivalent series resistanc，ESR）

Box-Benhnken 设计（box-benhnken design，BBD）

晶体管–晶体管逻辑电路（transistor-transistor logic，TTL）

印制电路板（printed circuit board，PCB）

方形扁平封装（quad flat package，QFP）

球栅阵列（ball grid array，BGA）

功率谱密度（power spectral density, PSD）

均方加速度密度（mean squared acceleration density, MSAD）

均方根（root mean square, RMS）

有限元分析（finite element analysis, FEA）

应力强度因子（stress intensity factor, SIF）

电磁环境（electromagnetic environment, EME）

电磁干扰（electromagnetic interference, EMI）

静电放电（electrostatic discharge, ESD）

电磁兼容性（electromagnetic compatibility, EMC）

电磁环境适应性（electromagnetic environment adaptability, EEA）

动态故障树（dynamic fault tree, DFT）

镀通孔（plated through hole, PTH）

热膨胀系数（coefficient of thermal expansion, CTE）

与时间相关的介质击穿（time dependent dielectric breakdown, TDDB）

累积分布函数（cumulative distribution function, CDF）

概率密度函数（probability density function, PDF）

负偏压温度不稳定（negative bias temperature instability, NBTI）

热载流子注入（hot carrier injection, HCI）

混合因果逻辑（hybrid causal logic, HCL）

概率故障物理（probalistic physics-of-failure, PPoF）

事件序列图（event sequence diagram, ESD）

动态事件树（dynamic event tree, DET）

动态仿真器（accident dynamic simulator, ADS）

时间顺序场景树（time order scenario tree, TOST）

故障顺序场景树（fault order scenario tree, FOST）

事件顺序场景树（event order scenario tree, EOST）

广度优先搜索（breadth first search, BFS）

目录

Contents

第1章

绪　　论

电子产品的可靠性和风险问题早已受到广泛关注,传统上已经有很多方法用于可靠性分析、预计和设计,概率风险评估方法也已经应用到航空、航天、核电等领域。本章介绍确信可靠性的理论框架、可靠性与风险的关系,在总结传统电子产品可靠性设计与分析方法的基础上,提出电子产品可靠性分析与风险评估综合解决方案及概率风险评估方法。

1.1　确信可靠性理论简介

1.1.1　可靠性科学原理

确信可靠性理论[1]提出了可靠性科学原理,即裕量可靠、退化永恒和不确定性。裕量可靠原理指出产品的裕量(性能裕量或时间裕量)决定着产品的可靠程度;退化永恒原理指出产品的裕量沿时间之矢进行不可逆的退化;不确定性原理指出产品的裕量和退化是不确定的。

基于可靠性科学原理,确信可靠性理论给出了相应的数学表达,即以下4个方程。

学科方程:

$$P = F(X, Y, t) \tag{1-1}$$

退化方程:

$$P = F(X, Y, t, T) \tag{1-2}$$

裕量方程:

$$M = G(P, P_{th}) > 0 \tag{1-3}$$

度量方程:

$$R = \mu(\widetilde{M} > 0) \tag{1-4}$$

学科方程刻画了产品性能参数 P 与内因变量 X、外因变量 Y 随物理时间 t(也可称为短时间)的变化关系。对于电子产品,其学科方程的建立依赖于电子学的科学原理,以及该方程在载荷、热、力、电磁等外因环境变量作用下的变化规律,其建立过程需要在理论和实验的基础上反复推导、分析和验证,有时不得不采用简化、近似、实验回归等方法,如工程中广泛采用的代理模型的方式。

退化方程描述了产品的确定性的退化规律,给出了产品性能参数 P 与产品内因变量 X、外因变量 Y 以及退化时间 T(也可称为长时间)的函数关系。

裕量方程描述了性能参数 P 到其阈值 P_{th} 的某种距离,裕量大于 0 则产品可靠。

度量方程用某种数学测度 μ 综合度量产品的裕量和退化的不确定性,其度量结果即为产品的可靠度 R。

可靠性科学原理及其数学表达,实现了可靠度对影响产品性能的内、外因变量的可控性,这是开展电子产品可靠性分析与风险评估的基础。

1.1.2 确信可靠性度量框架

基于上述可靠性科学原理及数学表达,确信可靠性理论构建了可靠性度量的新框架。这一框架的核心是确信可靠度,其建立在概率论、不确定理论与机会理论的数学理论之上。确信可靠度定义了可靠度是不确定随机系统的机会测度。当不确定随机系统退化为随机系统或不确定系统时,确信可靠度则退化为概率测度或不确定测度。确信可靠性可分别从性能裕量、时间裕量的角度对产品可靠性进行分析,其中正确理解和把握裕量这一概念是灵活运用确信可靠性理论的基础。确信可靠性度量框架见图1-1。

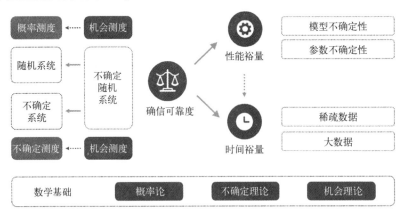

图1-1 确信可靠性度量框架[1]

本书中的研究对象为电子产品,采用确信可靠性度量框架中的概率测度作为可靠性与风险的测度。

1.2 可靠性与风险

可靠性是指产品在规定条件下和规定时间内,完成规定功能的能力。其中完成规定功能的能力用产品的裕量大于零的概率测度来表征。裕量是一个随时间变化的函数,可以表示为

$$R(t) = P(M > 0) \tag{1-5}$$

式中:M 为产品的性能裕量,是产品的关键性能参数 L 及其阈值 L_{th} 的函数。如果产品有多个关键性能参数,则应逐一分析计算其裕量大于零的概率。对于电子产品来说,经常关注的性能指标为电性能、热性能、振动性能和电磁性能,因此需要逐一分析计算这些性能裕量大于零的概率。

风险的一个方面就是发生不幸事件的概率。对于电子产品,这个"不幸事件"如果定义为故障,则电子产品的风险事件发生的可能性即为故障的概率。故障是产品或者产品的一部分不能或将不能完成预定功能的事件或状态,即产品丧失规定的功能。显然,这个定义与可靠性的定义是相对应的,因此对于电子产品风险发生的可能性,可以表示成

$$R_{isk}(t) = F(t) = 1 - R(t) \tag{1-6}$$

风险事件发生的可能性即为不可靠性。

在电子产品的风险分析过程中,需要回答以下几个问题[2-3]。

(1)存在哪些可能的风险场景?即电子产品在整个生命周期要经历的可能引发风险的事件或事件组合,如电子产品可能经历的使用和环境条件。

(2)各个风险场景发生的可能性有多大?即风险事件或事件组合发生的概率。

(3)每个风险场景发生的后果是什么?有多严重?即电子产品的故障发生后会产生何种严酷度等级的影响。

本书针对电子产品,介绍可靠性与风险分析和定量评估的主要方法,这些方法从正、反两个方面,全面分析产品的可靠域和故障域,其中可靠域的分析基于裕量方程,故障域的分析基于退化方程。

1.3 常用电子产品可靠性设计与分析方法

电子产品通常被认为是系统的大脑或者心脏,可靠性设计与分析一直以来都备受关注。在介绍本书主要内容之前,首先简单回顾目前电子产品常用可靠性设计与分析方法(图1-2),这些方法是理解和运用本书介绍方法的基础。

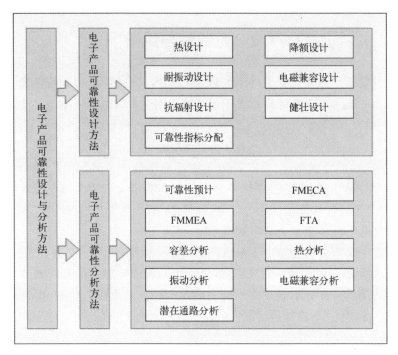

图 1-2 电子产品常用可靠性设计与分析方法

1.3.1 电子产品可靠性设计方法

1. 热设计

热设计是采用某些技术或者方法控制产品内部所有电子元器件的温度,使其在所处的工作环境条件下不超过规定的最高允许温度,以保证电子产品正常、可靠地工作[4]。电子产品的热设计应首先根据产品的可靠性要求以及所处的环境条件确定热设计目标。例如,元器件的允许最高温度,根据热设计目标及产品的结构、体积、重量等要求进行热设计,包括冷却方法的选择、元器件的安装与布局、电路板与机箱的散热结构设计。

电子产品承受了外界热环境的作用,同时电子元器件在工作过程中也会产生热量的耗散,这两者决定了电路板上任意一点的温度。热量以导热、对流及辐射方式传递出去,每种形式传递的热量与其热阻成反比,因此热量、热阻和温度是热设计中的重要参数。常见电子产品的冷却方法包括自然冷却、强迫空气冷却、冷板冷却、液冷等,要根据产品的实际情况选择最简单、最经济的冷却方法。在热设计的过程中还要考虑适合于产品的电气、机械、环境等条件,同时满足可靠性要求。

4

2. 降额设计

电子产品的降额设计是对元器件或者设备所承受的电应力或温度应力适当低于其规定的额定值,从而降低故障率、提高可靠性。元器件的降额设计主要是确定降额等级、降额参数和降额因子,其中降额因子是元器件工作应力与额定应力之比。

降额等级不是越高越好,对于各类元器件都有最佳的降额范围,在此范围内工作应力的变化对元器件的故障率有明显的影响,在设计上也比较容易实现。在同样的降额数量下所获得的故障率降低的收益是越来越小的,因此过度的降额并无益处,可能还会使元器件的特性发生变化。

元器件的降额可以分为 3 个等级:Ⅰ级降额是保障产品可靠性的最大降额,适用于设备故障危及安全、导致任务失败或造成重大经济损失等情况时的设计;Ⅱ级是中等程度的降额;Ⅲ级是最小程度的降额。降额设计可以参考国家军用标准或者行业标准进行,如《元器件降额准则》(GJB/Z35-1993)。

3. 耐振动设计

电子产品在使用、运输、发射等过程中会受到振动冲击、随机振动、谐波振动的作用,耐振动设计就是通过进行强度、刚度、减振设计等措施,使产品在恶劣振动条件下能正常、可靠、持久地发挥其功能与性能,既不能出现机械结构的损坏,更不能出现造成电子设备性能下降乃至失灵等现象。

常见的耐振动设计措施包括:消除或者降低振源的影响、提高结构的刚度,防止低频激振、采取隔离措施,防止高频激振、采用去耦措施,优化固有频率等。提高设备的耐振动和抗冲击能力,就要控制振源,减小振动。当设备本身是振源时,通过隔振,减小传到支撑结构上的振动力,降低对周围设备的影响。当设备本身不是振源时,可以通过隔振,减小从支撑部位传来的振动力的影响。电子产品在耐振动设计中还要防止共振现象的发生,使结构的一阶固有频率与外界的激振频率满足倍频程设计的要求。

4. 电磁兼容设计

电子产品不可避免地在电磁环境中工作,产品往往对周围环境中其他用电设备发生电磁影响,与此同时,电子产品本身也会受到其所处环境的各种电磁干扰。电磁兼容设计是采取某些技术或手段来控制和消除电磁干扰,使电子产品或系统与其他产品联系在一起工作时,不会引起自身的性能降低或故障,也不致引起系统其他任何部分的工作性能降低或故障。

开展电磁兼容设计首先要对电磁干扰源进行分析,研究电磁干扰的途径,以采取措施,消除或抑制干扰源,减轻电磁干扰的影响。实现电路、设备和系统的电磁兼容性,需要采取的技术措施可分为两大类:第一类是尽可能选用相互干扰最小、符合电磁兼容要求的器件、部件和电路,并进行合理布局、装配和组成设备或系统;第二类是从形成电磁干扰的三要素出发,实施屏蔽、滤波、接地和搭接等技术抑制和隔离电磁干扰,提高敏感设备的抗干扰能力。

5. 抗辐射设计

航天电子产品在太空中工作,或者飞机在高空飞行时,甚至某些地面工作的电子产品都可能会受到来自地球、太阳系以及银河系高能带电粒子的辐射。提高抗辐射能力的设计对这些电子产品来说至关重要。

在进行电子产品的抗辐射设计时,首先要了解其辐射环境及其辐射效应,根据产品要达到的性能要求,确定其辐射容限和故障判据,建立或运用现有的子系统模型,进行辐射易损性和敏感性的辐射模拟试验分析或计算机仿真分析,然后根据平衡加固的原则对系统进行设计。常见的抗辐射设计措施包括:选择性能良好的屏蔽结构,选用抗辐射性能和绝缘性能好的材料、元器件,设计抗辐射的电路结构,如光电流补偿电路、高增益电路等。

6. 健壮设计

健壮设计是指赋予产品或过程健壮性、高性能和低成本的设计。它是一种性能、质量和成本综合的功能优化设计方法,是一种着眼于经济效益,立足于工程技术的质量设计和管理技术。这种设计方法是在传统的工程设计方法上发展而来的,其发展过程为数学优化→工程优化(试验设计)→田口方法(Tagnchi method)→健壮设计。健壮设计最有代表性的方法是日本田口玄一博士创立的田口方法,即产品的设计应由系统设计、参数设计和容差设计的 3 次设计来完成,这是一种在设计过程中充分考虑影响其可靠性的内外干扰而进行的一种优化设计。

对电子产品进行健壮设计,从以下方面来实现:①电路设计时要有一定的功率裕量,通常在 20%~30%,要求稳定性越高、裕量应越大;②要避免电路的工作点处于临界状态;③对随着温度变化的元器件进行温度补偿,以保持电路稳定等;④采用冗余设计、反馈补偿设计来保证电路性能的稳定性[5]。

7. 可靠性指标分配

可靠性指标分配是将产品的可靠性指标,由上到下、由整体到局部逐渐分配到规定的层次,是上一级产品对下一级产品的可靠性定量要求进行分解的过程,其目的是使各级产品设计人员明确其可靠性设计要求,通过各种设计手段实现这一要求。可靠性指标分配主要在方案论证阶段及初步设计阶段进行,是一个反复迭代的过程,包括基本可靠性指标分配和任务可靠性指标分配。

可靠性指标分配方法主要包括等分法、比例组合分配法、评分法等。其中,评分法是在缺少可靠性数据的情况下,通过有经验的设计人员或专家对影响可靠性的最重要因素进行打分,对评分值进行综合分析而获得各单元产品之间的可靠性相对比值,根据这个比值对指标进行分配。

1.3.2　电子产品可靠性分析方法

1. 可靠性预计

可靠性预计是在设计阶段对电子产品的可靠性进行定量的评估,可以根据历史的可靠性数据、电子产品的结构和组成、环境条件和工作载荷等因素来估计电子产品的可靠性。预计的过程是从元器件到电路板再到电子产品这样一种自下而上、从局部到整体、从小到大的综合过程。

电子产品的可靠性预计既需要进行失效率预计也需要进行使用寿命预计,分别对应着失效率浴盆曲线平直段的高度和长度,如图 1-3 所示。其中失效率预计一般采用协变量模型进行,如美国军用标准 MIL-STD-217F、中国军用标准《电子设备可靠性预计手册》(GJB/Z 299C—2006),其他行业标准《可靠性数据手册、电子组件、PCBS 和设备的可靠性预测用通用模型》(IEC/TR 62380—2004)、FIDES、Telcordia SR332 等给出了各种可能的失效率预计方法。

使用寿命的预计需要采用故障物理模型进行。故障物理是从物理、化学的微观结构角度出发,研究材料、零件(元器件)和结构的故障机理,并分析工作条件、环境应力作用下对产品使用寿命的影响。这种方法依赖于在电子产品研发过程中对故障机理及其规律的研究和认识。最新的基于故障物理模型评估电子产品使用寿命的指南是美国国家标准《故障物理可靠性预计》(physics of failure reliability predictions)(ANSI/VITA 51.2—2016)。

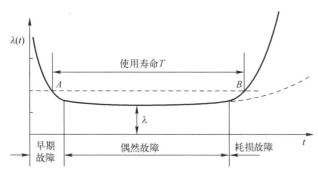

图 1-3　浴盆曲线上的失效率与寿命

2. 故障模式影响与危害性分析

故障模式影响与危害性分析(failure mode effects and criticality analysis, FMECA)是分析产品中每一个可能的故障模式并确定其对该产品及上层产品所产生的影响,并对每一个故障模式按其影响的严重程度,同时考虑故障模式发生概率与危害程度予以分类的一种分析技术。

FMECA 的目的是通过系统分析,确定元器件、零部件、设备、软件在设计和制造过程中所有可能的故障模式,以及每一故障模式产生的原因及危害性,以便找出潜在的薄弱环节,并提出改进措施。FMECA 是一个反复迭代、逐步完善的过程。主要包括:分析产品所有可能的潜在故障模式、原因及其影响,确定故障模式的测试方法,从而制定改进设计和使用补偿的措施。其中 CA 部分是危害性分析,可以采用定量和定性两种方法进行。

FMECA 是可靠性系统工程中一项重要的基础工作,其分析给出产品的故障模式、影响及危害性分析结果,是进行可靠性设计分析的基础,是维修性分析中用以确定维修性要求的信息,是开展测试性分析的输入,是确定维修任务、开展保障性分析、确定维修保障资源的初始信息源。同时 CA 的结果对确定产品的关键重要文件清单、开展安全性设计有重要的作用[6]。

FMECA 是单因素分析方法,需要结合 FTA、ETA 等方法,对电子产品开展多因素分析。此外,FMECA 的输出为产品的故障模式及其故障原因,而不对故障机理进行分析。

3. 故障模式机理与影响分析

当人们对于故障发生原因认识不够深入时,能够分析获得的原因往往是一些外部因素,如使用环境、人为因素等,这些原因是故障模式发生的间接原因。人们可以根据故障发生的间接原因采取一定的设计改进与防护措施。例如,某故障模式由振动引起,则可以采用振动防护设计来降低该故障模式发生的可能性。故障机理是导致产品发生故障的物理、化学或生物变化过程,它从微观方面阐明故障的本质与规律,是故障模式的直接原因,是对产品故障根源的认识。硬件故障最终归结为组成产品的材料、结构的问题,认识了故障机理,可以从组成产品的材料与结构等方面采取措施,从根源上消除故障或降低故障发生的可能性。故障模式机理与影响分析(failure mode mechanism and effect analysis,FMMEA)就是研究产品的每个组成部分可能存在的故障模式、故障机理,并确定各个故障模式对产品其他组成部分和产品要求功能影响的一种分析方法。

FMMEA 是产品可靠性分析的一项重要工作项目,其目的是确定产品各种潜在故障模式的故障机理和模型,并进行风险度排序以确定主故障机理及其对应的环境、工作应力和工作参数,从而为可靠性仿真试验、加速试验、耐久性分析、耐久性试验以及故障诊断与健康管理(prognostic and health monitoring,PIIM)提供基础[6]。FMMEA 可以在不同阶段择时机开展,如在产品设计初期与产品可靠性设计同时开展,而在产品加速试验设计、故障诊断和健康状态监控工作前应开展 FMMEA,为产品主故障机理的确定提供依据[7]。开展 FMMEA 工作应遵循一定的步骤,目前已经发布的 FMMEA 指南《航空产品故障模式机理及影响分析指南》(QAVIC

05062—2019)是第一个完整提供 FMMEA 步骤的指南[8]。

4. 故障树分析

故障树分析(failure tree analysis,FTA)方法是分析寻找导致某种故障事件(顶事件)的各种可能的事件组合,并计算它们的发生概率,通过逻辑关系确定潜在的产品设计缺陷,以便采取设计改进或者补偿措施,降低故障发生概率,从而提高可靠性的方法。故障树是一种树状的因果关系逻辑图,事件符号、逻辑门符号和转移符号描述系统各事件之间的因果关系,顶事件是建立故障树的基础。这种分析方法是一种从上到下的演绎分析过程,可以使分析者对产品的结构、功能、故障有更深入、更系统的认识。故障树方法在包括航空、航天、核工业、兵器、船舶等各行业都有广泛的应用。

对于复杂的电子产品,经常采用 FTA 与 FMMEA 相互结合的方法来进行分析。例如,可以将 FMECA 的产品关键故障模式作为顶事件,展开 FTA,既考虑产品中每个故障模式及其影响,又考虑硬件、软件、人为、环境等因素和多重故障的综合影响。

5. 容差分析

电子产品的电路性能参数可能会发生性能不稳定、参数漂移、退化等现象,容差的积累会使电路、电子产品输出超出规定的范围而无法使用。容差分析就是分析电路的组成部分在规定的使用温度范围内其参数偏差和寄生参数对电路性能容差的影响,消除这种容差积累对电子产品的影响。

产生容差的原因主要包括 3 个方面:一是组成电路的元器件参数在制造过程中存在一定的公差,而设计中不考虑公差就会引入偏差;二是环境条件的变化会产生参数漂移,如温度的升高、湿度的变化、电应力的波动会使电路参数产生偏差;三是使用过程中,随着时间的积累,元器件会产生退化,从而造成参数的偏差,这种变化是不可逆的。

对电子产品进行容差分析也可以通过试验进行,通过试验测试电路性能参数实际偏差,但是必须针对实际电路进行,一般对于可靠性要求高、成本要求不严格的情况才会采用这种方法。其他的都是理论计算分析方法,包括阶矩法、最坏情况法以及蒙特卡罗仿真方法等。

6. 热分析

热分析是利用仿真或者试验测试等手段获得电子产品及其组成部分的温度分布,并根据产品的热设计要求,对热设计结果进行分析和验证的过程。通过仿真来进行热分析的方法可以在尚无实物产品可供测量的情况下采用,因此适用于电子产品设计阶段的热校验,而热测量则必须利用实物产品来进行。

热分析需要建立电子产品的温度场和流体场的数学模型,通常采用有限元分析(finite element analysis,FEA)或者有限体积法进行求解,多采用软件来完成。近年来,热仿真软件发展非常迅速,仿真的准确性依赖于对散热器件功耗的测量或者是计算结果的准确性,在评价热设计改进的效果方面应用方便。

7. 振动分析

振动分析是利用仿真或者试验测试等手段获得电子产品及其组成部分的振动响应位移、速度或者加速度的分布,并根据产品的振动设计要求,对振动设计结果进行分析和验证的过程。

振动分析通常采用 FEA 方法进行求解,包括模态分析、随机振动分析、谐响应分析以及时域动态冲击分析。模态分析能够获得电子产品机箱、各电路模块的各阶固有频率和模态,通过对比一阶固有频率与激振频率,来检验是否可能发生共振现象。随机振动分析和谐响应分析、冲击分析能够获得电子产品在振动过程中的应力、位移响应,检验是否存在响应过大的区域。

8. 电磁兼容分析

电磁兼容分析是对电子产品电磁兼容程度进行分析评估的方法,可以通过数值仿真或者测试来进行,是实现和验证电磁兼容设计的重要步骤。数值仿真的方法通过建立发射设备、耦合途径、接收设备的数学模型,按照实际情况将其进行组合,利用计算机模拟特定的电磁环境,获得潜在电磁干扰的计算结果,从而判断干扰源发射的电磁能量是否会影响其他设备及系统的正常工作。

电磁兼容数值仿真过程也就是电磁场问题的数值计算过程,一般在 3 个级别上进行。第一个级别是芯片的电磁兼容分析。传统的芯片设计一般不考虑电磁兼容问题,当芯片工作在低频时一般不会出现显著的电磁兼容问题。但当芯片工作在高频时,电磁兼容问题便十分突出,它直接影响芯片的质量,因此必须在芯片的设计时就考虑电磁兼容问题。第二个级别是部件的电磁兼容分析,如印制电路板、多芯线、驱动器等电子电气部件本身的电磁兼容预测,以及部件与部件之间的电磁兼容预测。第三个级别是系统级电磁兼容分析,如对飞机、舰船、导弹、飞船等装有多种复杂电子设备组成的系统进行电磁兼容预测。

电磁兼容分析的应用是伴随着电磁兼容性设计开展的,贯穿于产品研制的全过程,已成为现代电磁兼容设计中不可缺少的部分。对于一个大的电子系统,采用试验的方法判断系统级电磁兼容性是否合格往往很难实现,而且也不经济。在工程研制的早期阶段利用电磁兼容分析软件,可以预测可能出现的电磁兼容性问题。

9. 潜在通路分析

潜在通路是指系统在所处的特定条件下,出现的未预期到(常常也是不希望有的)的通路。潜在通路有 4 种形式,即潜在电路、潜在时序、潜在标志和潜在指示。潜在通路分析也称潜在电路分析,其目的就是在假定组成系统的所有元部件均正常工作的情况下,分析并找出能引起系统功能异常或抑制正常功能实现的潜在电路,通过预先发现和消除电路中的潜在状态,提高系统的可靠性和安全性[9]。

潜在电路具有普遍存在性、高隐蔽性、不易检测、危害性大等特点。产生潜在通路的原因主要有:①系统的设计,特别是大型复杂系统的设计,往往是由很多设计人员分工合作完成的,将不同设计人员各自完成的局部设计综合到一起时,相互之间的接口部分可能会形成不能预想的问题或盲区;②系统中存在的问题及其组合是多样性的,设计人员把握复杂系统问题的能力有限,不可能将所有问题出现的可能条件及其组合一一想到并分析到;③操作人员可能产生操作差错。由此可见,潜在电路不是因硬件故障造成的,而是系统设计方案中固有状态引发的。这些状态由设计者无意带进设计方案中。

1.4 基于确信可靠性理论的电子产品可靠性分析方法

确信可靠性理论为电子产品可靠性设计、分析与评估提供了全新的基础,但是基于目前的工程实践,在电子产品的开发过程中难以建立完整的学科方程,更不用说基于学科方程建立裕量方程和退化方程了。因此,在确信可靠性理论指导下,本书基于目前的技术发展阶段给出电子产品基于确信可靠性理论的可靠性分析方法如下。

(1) 电性能确信可靠性分析。对照确信可靠性理论中的学科方程,电子产品电性能确信可靠性分析目的是计算仅考虑内因变量与载荷这一单一外因变量共同作用下电子产品的确信可靠度。这是电子产品设计的最根本的可靠度,决定了产品整个生命周期所能达到的最大可靠度水平。这一分析过程要依赖于电子产品的学科方程,好在目前已有很多商业化的工业软件(如 Cadence、Saber)可以支持这类分析工作。这类方法对应着本书第 2 章内容。

(2) 环境条件确信可靠性分析。对照确信可靠性理论中的 4 个方程,环境条件的确信可靠性分析目的是开展电子产品的热性能、振动性能、电磁性能的裕量和退化方程建立,并对方程中的变量进行不确定性量化,从而得到相应的确信可靠度。这类方法对应着本书第 3~5 章内容。

1.5 风险分析方法

1.5.1 概率风险评估方法

概率风险分析(probabilistic risk analysis,PRA)是一种结构化和逻辑分析方法,通过对可能造成系统故障的各种因素(如硬件、软件、环境、人为等因素)进行分析,画出逻辑框图(如 FT),从而确定系统故障原因的各种可能组合方式及其发生概率,以计算系统故障概率。PRA 方法起源于核电站、航空航天等高风险行业,在化工厂运行和武器装备研制使用等安全关键的工程技术系统也有着普遍的应用。早在 20 世纪 50 年代,美国国家航空航天局(National Aeronautics and Space Administration,NASA)即用概率计算分析航天器的可靠性,并使用故障树方法来分析导弹的可靠性。1960 年"阿波罗"登月计划中,NASA 曾应用定量评估方法对航天系统成功完成飞行任务的概率进行了计算,但由于计算出的成功概率很小,使 NASA 十分失望,认为航天系统风险评估中采用定量评估方法毫无意义,转而开始采用定性的分析方法。定性 PRA 方法主要依靠预测人员的丰富实践经验以及主观的判断和分析能力,推断出事故的性质和发展趋势的分析方法,属于预测分析的一种基本方法。这类方法主要适用于一些没有或不具备完整的故障数据的产品。

对 PRA 的发展有重大影响的一个事件是 1986 年"挑战者"号航天飞机的失事,这一惨痛教训促使人们意识到定性风险评估的不足,开始重新审视定量风险评估方法的重要性[10]。NASA 在这次事故后开始全面审查其安全政策,并发起了航天飞机风险评估[11-12]等诸多定量风险评估的计划,NASA 总部的安全与任务保证办公室还出版了一系列技术手册以加强 PRA 在 NASA 的应用。2003 年"哥伦比亚"号航天飞机的灾难性事故促使 NASA 更加重视 PRA 的应用。

PRA 可以用来识别系统可能存在的风险场景,评估不希望发生的后果事件的概率,找出系统存在的薄弱环节,确保系统安全,为系统的设计、运行和维护提供决策支持和指导。确定故障场景是 PRA 中非常重要的环节,从危险状态到事故发生所经历一系列的事件称为故障场景。一个故障场景是一个事件链,描述了事故发生的原因和事故的发展过程。PRA 方法中使用的风险分析方法主要有主逻辑图(master logic diagram,MLD)、功能事件顺序图(function event sequence diagram,FESD)、ET、FT 等。

PRA 第一次系统全面的应用则是著名的 WASH-1400,是 1975 年由美国麻省理工学院的 Norman C. Rasmussen 教授领导的专家组提交给美国核管理委员会的一个历时 3 年的核电站安全研究报告[13]。WASH-1400 是概率风险评估发展历程中的一个重要里程碑,它首次提出了经典的基于事件树/故障树(event tree/fault tree,ET/FT)方法的风险评估框架,并第一次对核电站这样一个复杂的实际系统进行了切实而非过于保守的定量风险评估。

美国的核工业部门最早实际应用 PRA 方法,1972 年美国原子能委员会应用事件树和故障树相结合的分析技术成功地对核电站的风险进行了首次综合的评价,以定量的方式给出了核电站的安全风险后,美国核管理委员会开始使用 PRA 来支持其管理过程。之后,德国、荷兰、日本等国家的核工业部门中 PRA 也广泛地得到应用。在 21 世纪的头 10 年里,PRA 在 NASA 获得了巨大的发展,用于评估主要载人飞行系统的安全,包括航天飞机、国际空间站等。定量风险评估 PRA 被纳入到系统安全中。NASA 最高级别政策文件 NPD1000.5A 也呼吁将此方法用于量化的风险评估方法。

1.5.2　动态概率风险评估

实际工程应用(如核电、航天和化学等领域)中的很多系统是由硬件、软件、操作人员组成的混合系统,在系统受到某种初始扰动后,这些不同组成要素之间相互作用、相互影响,促使系统随着时间动态地向前演化。这样的动态系统各组成要素之间存在的其他复杂动态交互行为,以及事件发生的时间对系统的演化都有着重要的影响,相同的事件但不同的发生顺序可能导致不同的结果,甚至即使是相同的事件、相同的发生顺序,但各事件发生的精确时间的不同也可能导致不同的结果。对于这样的动态系统,传统的基于定性描述和静态逻辑的概率风险评估方法处理时存在诸多困难。不能详细定量地考虑过程变量、事件发生的时序以及系统各组成要素之间随着时间不断动态地进行交互等,便难以精确刻画系统的风险行为和获得可信的风险评估结果。

动态概率风险评估(dynamic probabilistic risk assessment,DPRA)方法是考虑动态系统具有的过程变量、时序、人因交互等动态行为特征的概率风险评估[14]。动态概率风险评估与静态风险评估的主要区别在于后者建立在定性描述和静态逻辑的基础上,而前者则显式、集成并定量地考虑系统各组成要素(硬件、软件、人员和过程变量)之间的动态交互,考虑系统具有的各种动态行为特征。

一个动态系统一般可划分为具有不同性质的两部分:一部分为组成系统的元件,具有离散的状态,且其状态演化具有随机性,服从概率规律;另一部分为涉及的相关过程变量,具有连续的状态,且其状态演化服从确定的物理规律。由系统中各元件的状态组成的集合可确定一个特定的系统离散状态(或称系统配置)。

动态可靠性分析的主要目标就是计算系统概率密度函数 $f(\boldsymbol{x},i,t)$,或者计算由 $f(\boldsymbol{x},i,t)$ 导出的相关函数,如概率 $P(D,t)$,即系统在 t 时刻损伤大于 D 的概率,或者累积概率函数 $F(\boldsymbol{x},i,t)$。其中 i 表示系统硬件结构的离散随机变量,如部件的状态。向量 $\boldsymbol{x}$ 表示包含系统动态行为的过程变量或者物理变量,它描述了系统的状态,D 表示系统可接受的损伤水平。因此 $f(\boldsymbol{x},i,t)$ 是描述在 t 时刻系统组部件状态为 i 时,系统处于 $\boldsymbol{x}$ 状态的概率密度。

对于复杂的系统,直接解析求解 $f(\boldsymbol{x},i,t)$ 一般是非常困难的,此时通常采用的方法是对时间和过程变量进行双离散化的单元映射法(cell-to-cell mapping technique,CCMT)、对时间进行离散化的离散动态事件树(discrete dynamic event tree, DDET)以及对时间和过程变量都不进行离散化的蒙特卡罗仿真等方法。值得一提的是,求解 $f(x,i,t)$ 需要很大的计算量,实际中通常并不需要详细地知道 $f(x,i,t)$,而只需知道由其导出的相关函数,如相关后果事件的发生概率。因此,通过求解 $f(x,i,t)$ 再计算得到相关函数量通常是不经济的[而且 $f(x,i,t)$ 一般难以求解]。而像蒙特卡罗仿真这样的方法可以直接对感兴趣的相关函数量进行估计,因此仿真的方法应用颇为广泛。

1.6　本书内容简介

综上所述,电子产品的可靠性设计分析方法和风险评估方法还存在一些问题。首先是可靠性设计和分析只能是在传统学科领域内进行,无法在可靠性度量方面得以体现。例如,产品在进行热设计和热分析后,采取散热的方法,消除高温区域,使得该产品的可靠度提高了,但是具体提高了多少,无法量化出来。其次对于风险分析中,没有考虑故障机理发生的场景,特别是在缺少故障数据的情况下,无法准确地对电子产品硬件的故障和风险进行合理的量化。

本书提出基于性能裕量的电子产品可靠性分析方法,给出电子产品电性能参数、热性能参数、振动性能参数和电磁性能参数的裕量建模和可靠性分析方法,将传统的可靠性设计分析与产品的可靠度进行量化的联系;探讨电子产品故障机理之间的关系和故障行为的建模方法,并将其应用于电子产品的风险评估和风险场景自动推理中。

本书的主要内容介绍如下。

第 2 章介绍电子产品的功能性能、性能参数、性能方程和代理方程等基本概念,基于确信可靠性理论,详细介绍电子产品确信可靠性建模与分析的一般流程,最后通过两个案例进一步说明确信可靠性建模与分析的详细过程。

第 3 章是电子产品热环境下性能裕量建模与可靠性分析,详细介绍热环境下产品的确信可靠性分析流程并进行案例分析。从传热学的基本理论出发,给出电子产品的热性能参数的获取方法,归纳热性能裕量建模流程,分析热性能裕量建模中不确定性的来源,最后介绍基于仿真分析和理论推导的两种不确定性度量方法,推导热环境下电子产品确信可靠度计算公式。

第 4 章是电子产品在振动环境下的确信可靠性分析,从振动力学基本理论出发,总结出电子产品的振动性能参数,包括基于强度准则的振动应力、基于刚度准则的固有频率、基于断裂力学的裂纹长度。与此同时,总结结合有限元仿真的振动环境确信可靠性的分析流程,探讨电子产品振动环境确信可靠性分析中可能存在的不确定性,给出振动环境确信可靠度的计算公式。最后,以某单板计算机为例,采用本章所提方法分析案例产品的确信可靠性。

第 5 章是电子产品在电磁环境下性能、裕量和退化建模与确信可靠性分析。首先,从电磁场基本理论出发,总结出电子产品的两类电磁性能指标和可能的电磁性能参数,给出电磁性能方程;其次,提供电磁性能的裕量方程表达式,总结理论推导与仿真分析两种裕量方程建立方法;提供电磁性能退化方程表达式以及故障物理模型推演法和性能退化试验两种退化方程建立方法;然后,分析电磁环境的不确定性和敏感对象的分散性,并给出度量方法,推导电磁环境下电子产品确信可靠度计算公式;最后,用案例描述电磁环境下电子产品的确信可靠性分析过程。

第 6 章提出故障行为的概念和内涵、故障行为模型的概念及建模方法。介绍能够描述故障机理之间的物理相关关系故障机理树及求解算法,故障机理树是为表达故障机理之间的动态作用过程而研究的系统建模方法,与故障树的区别在于后者多为逻辑运算,而前者则是故障机理的物理和动态行为的表达方法。本章给出故障机理树的构造方法,并以实际的案例说明基于故障机理树的系统建模和求解过程。

第 7 章为基于故障行为的风险评估方法,介绍将故障机理树与故障树和事件序列图相结合来进行电子产品风险评估的流程,介绍了 3 种建模方法的二元决策图(binary decision diagram,BDD)转化和求解方法,针对基于故障行为的风险评估,提出基于 BDD 决策逻辑的仿真算法,并以卫星姿态控制模块为案例说明此方法用于风险评估的过程。

第 8 章为基于故障场景推理的风险分析方法。产品的风险分析就是确定最坏情况的风险和故障场景,但是对于多阶段、多状态复杂电子产品,故障机理的发生、故障机理相关关系的发生都具有不确定性,这造成了故障场景的数量呈指数级增长。基于引导仿真的故障场景自动推理,是以故障行为规则为引导,利用专家的知识和经验形成的故障机理相互关系的规则,可以大大减少场景的数目,高效率地定位风险最高的故障场景和风险场景。

参考文献

[1] 康锐,等. 确信可靠性理论与方法[M]. 北京:国防工业出版社,2020.
[2] KAPLAN S,GARRICK B J. On the quantitative definition of risk[J]. Risk Analysis,1981,1:11-27.
[3] ENRICO ZIO. 可靠性与风险分析算法[M]. 李梓,主译. 北京:国防工业出版社,2014.
[4] 龚庆祥. 型号可靠性工程手册[M]. 北京:国防工业出版社,2007.
[5] 曾声奎,赵廷弟,等. 系统可靠性设计分析教程[M]. 北京:北京航空航天大学出版社,2001.

［6］ 陈颖,康锐,等.FMECA 技术及其应用[M].北京:国防工业出版社,2014.

［7］ 陈颖,侯泽兵,康锐.故障模式、机理及影响分析(FMMEA)及应用研究[C]//中国航空学会可靠性工程分会第十二届学术年会论文集,2010:1-6.

［8］ 中国航空工业集团公司质量部.航空产品故障模式机理及影响分析指南:QAVIC 05062—2019[S].北京:中国航空工业集团公司,2019.5.

［9］ 任立明.潜在电路分析技术与应用[M].北京:国防工业出版社,2011.

［10］ PATE-CORNELL E,DILLON R. Probabilistic risk analysis for the NASA space shuttle:a brief history and current work[J]. Reliability Engineering and System Safety,2001,74:345-352.

［11］ FRAGOLA J R,MAGGIO G,FRANK M V,et al. Probabilistic risk assessment of the Space Shuttle:A study of the potential of losing the vehicle during nominal operation[R]. Washington,D.C.：NASA,1995.

［12］ MAGGIO G. Space shuttle probabilistic risk assessment:methodology & application[C]//Annual Reliability and Maintainability Symposium,1996:121-132.

［13］ RASMUSSEN N C. Reactor safety study:An assessment of accident risks in U. S. commercial nuclear power plants[R]. Washington,D.C.：U. S. Nuclear Regulatory Commission,1975.

［14］ 李静辉.基于零方差重要抽样和引导仿真的概率风险评估方法研究[D].北京:北京航空航天大学,2011.

第 2 章

电子产品电性能确信可靠性分析

对于电子产品来说,电性能是最先受到关注的。本章主要介绍电性能确信可靠性分析的流程,包括确定电性能关键参数、建立性能裕量方程、量化和分析不确定性以及确信可靠性计算等步骤。最后通过两个案例进一步说明电性能确信可靠性分析的具体过程。

2.1 基本概念

2.1.1 功能与性能

当人们对产品进行描述的时候,功能与性能往往是人们最先关注的问题。对于产品而言,功能可以被定义为该产品能够发挥的所有作用;性能可以被定义为用来描述该产品各项功能的水平。也就是说,一个产品的作用体现在它的功能上,而该产品实现该功能的水平则体现在产品的性能上。在一般情况下,产品的性能都对应解释产品的某个功能,且可以用定量指标来进行表征。性能是功能的基础,提供了产品发挥功能的客观依据;功能是性能的外化,只能在产品使用过程中表现出来。同一种产品可以有多种性能,每一种性能都用来发挥相应的功能,或综合几种性能发挥某种功能。产品性能的多样性决定了产品功能的多样性。例如,人们生活中最常用到的电子产品——手机,人们日常使用的便是它的具体用途,如打电话、拍照、玩游戏、听音乐等,这些可被称为它的功能;但是在人们评价一款手机时,往往会用性能来评价以上功能,如打电话时信号是否稳定、拍照时照片的像素分辨率如何、玩游戏时是否过热或卡顿、播放音乐时音质如何等。可见,功能是用来描述产品用途的,而性能则是用来量化功能水平的。

不同类型的电子元器件组成了不同类型的电子产品,这些电子产品也就拥有了各自的功能。电子产品最基本的功能在于两个方面:一是对电能进行转换、传输及分配;二是对信号进行传递、存储及处理,如放大电路的功能是放大电信号、滤波电路的功能是阻止或允许某种频率的电流通过等。

电子产品的性能主要包括满足产品基本功能的电性能,满足产品固定支撑功能的力学性能、保证散热效果的热性能、减少电磁影响的电磁性能、满足特殊应用场景要求的性能,如防水性能等。显然,电子产品的第一个功能便是工作运行,因此电性能是电子产品的基本性能之一。例如,某型电连接器,其性能包括电性能、力学性能、防水性能等,而反映导电性能的接触电阻、反映耐压性能的绝缘电阻等电性能直接决定着该型电连接器的基本功能——传输能量与信号。表 2-1 给出了某型电连接器功能与性能的对应关系。

表 2-1 电连接器功能与性能的对应关系

功 能	一级性能	二 级 性 能	
正常传输电能量或信号	电性能	导电	接触电阻
			温升
		耐压	绝缘电阻
			耐电压
			漏电流
		绝缘	绝缘电阻
	固定性	插座插孔固定/插头插针固定	保持力
			插拔寿命
		插座螺母固定/插头螺栓固定	螺母/螺栓拉脱力
		插座 O 形圈固定	插拔寿命
		插座线材固定/插针线材固定	线材拉脱力
	防水性	插头插座互配防水	防护等级
	防呆性	耦合防呆	防呆引导要求
	插拔性	耦合插拔	插入力
			拔出力
			插拔寿命

2.1.2 关键性能参数

从表 2-1 中可以看出,该型电连接器的性能参数有十几个。更复杂一些的电子产品,其性能参数往往多达几十个甚至上百个。从可靠性分析的角度,需要在众多性能参数中选择影响产品功能的关键性能参数,进行其影响因素的不确定性分析,如果抓不住关键点,整个分析计算的工作量将呈几何爆炸趋势增长。

以表 2-1 中的性能参数为例,其中防水、防呆性能一旦满足相应的防护等级要求,则可视为对不确定性不敏感的性能参数,不再是可靠性分析时的关键性能参数。也就是说,电子产品的电性能参数是最重要的性能参数,也是对不确定性因素敏感的性能参数,因此电性能参数往往被视为电子产品的关键性能参数。

在确定了关键电性能参数后,需要了解这些性能参数实现功能的正常范围,一旦超出这个范围,产品就会出现故障,把这个范围称为性能参数的阈值。性能参数阈值表征了产品正常工作的边界,也就是产品的极限工作状态,过了这个边界,产品将发生故障。

产品的性能参数可以分为 3 类,即望目(nominal-the-better,NTB)特性、望小(smaller-the-better,STB)特性和望大(larger-the-better,LTB)特性[1-2]。

1. NTB

望目特性,指的是产品的性能参数 y 具有固定的目标值 m,此时的 y 值即为望目特性。假设 y 服从 $y \sim N(\mu,\sigma^2)$ 的正态分布,则对于理想的望目特性 y 的设计,应当有 $\mu=m$ 且 σ^2 很小,因此性能参数的望目特性一般在一定的目标范围 $[m_L,m_U]$ 内,如稳压二极管的稳压值就是望目特性。

2. STB

当产品的性能参数 y 为望小特性时,一方面希望其数值越小越好,由于 y 一般意义上不取负值,所以等价于希望性能参数 y 的期望值 μ 越小越好;另一方面,希望 y 的波动越小越好,即方差 σ^2 越小越好,如电路的电磁辐射量就是望小特性。

3. LTB

当产品的性能参数 y 为望大特性时:一方面希望其数值越大越好,由于 y 一般意义上不取负值,所以等价于希望质量特性 y 的期望值 μ 越大越好;另一方面,希望 y 的波动越小越好,即方差 σ^2 越小越好。例如,产品的寿命就是望大特性。可以看到望大特性 y 的倒数 $\frac{1}{y}$ 就是望小特性。

对每个关键性能参数进行望大特性、望目特性和望小特性分类,是进一步分析产品正常功能范围或确定故障判据的基础。

2.1.3　性能方程

性能方程描述了电子产品的输入参数、元器件参数和输出参数之间的定量关系。要进行详细的确信可靠性分析,必须建立起电子产品关键性能参数与其输入参数、元器件参数、结构参数、工艺参数等相关参数的性能方程,只有这样才能定量分析这些参数的不确定性对产品关键性能的影响。

这里以一个简单的日常生活中经常使用的电热炉的设计过程来说明电子产品的性能方程内涵。假设要设计一个电热炉,其额定功率指标要求为 2000W,电热炉采用简单的耐热底板材料,其中仅含有一根电热丝。下面逐步说明这个产品的性能方程的建立过程。

电热炉的科学原理是电学知识中的欧姆定律或热力学中的焦耳定律。利用这些定律可以得到,电热炉的输出功率和输入电压、电热丝的电阻值之间的关系为

$$P_T = \frac{U^2}{R_T} \tag{2-1}$$

式中: P_T 为某温度 T 下的电热丝工作功率(W); R_T 为电热丝的电阻值(Ω); U 为工作电压(V)。

式(2-1)就是这个电热炉的性能方程,其中 P_T 是输出性能参数,工作电压 U 是输入性能参数,电阻 R_T 就是设计参数。因为该案例较为简单,因此它的关键性能参数就是电功率 P_T ,且为望目特性。产品设计中只要选择符合式(2-1)中阻值要求的电热丝,即可完成电热炉的设计。

由于上述的例子较为简单,因此可以直接利用电学、热力学的基本定律开展产品设计。但是一般情况下,电子产品往往较为复杂,其电路也常常由很多部分或模块组成,为了方便并准确确定该电路的关键电性能参数,需要从整体到局部,逐渐细化,分析每一层次的性能参数及其相互关系。例如,把一个电子产品按产品层、模块层和元器件层分解成 3 个层次,首先,确定产品层次的输入参数和输出参数,其中的输出参数作为第一层次关键性能参数的候选;其次,按产品的功能模块确定每个模块的输入参数和输出参数及各模块间输入输出参数的关系;第三,分析每个模块中各输入参数以及各个元器件的性能参数与模块的输出参数之间的关系;最后,自下而上逐层迭代建立电子产品的关键性能参数的性能方程。

对于电子产品,性能方程的建立过程一般依赖于电子设计自动化(electronics design automation,EDA)软件工具。目前具有广泛影响的 EDA 软件是系统设计辅助类软件和可编程芯片辅助设计软件,包括 Protel、Altium Designer、PSPICE、Multisim、OrCAD、PCAD、MATLAB 等。这些工具具有较强的功能,都可以直接进行电子产品输入参数、元器件参数与输出参数之间性能关系的仿真。

但是,在一些特殊领域或特殊场合,无法利用 EDA 软件建立电子产品的性能方程,此时要么采用解析方法进行理论推导,要么采用试验方法进行回归分析建立代理方程。代理方程法是通过多元线性回归方程的拟合方法,对数据进行线性回归分析,并拟合方程。线性回归是利用数理统计中回归分析,来确定两种或两种以上变量间相互依赖的定量关系的一种统计分析方法,运用十分广泛。回归分析中,只包括一个自变量和一个因变量,且二者的关系可用一条直线近似表示,这种回归分析称为一元线性回归分析。如果回归分析中包括两个或两个以上的自变量,且因变量和自变量之间是线性关系,则称为多元线性回归分析。

2.2　电性能确信可靠性分析

2.2.1　分析流程

电子产品确信可靠性建模与分析的一般流程如图 2-1 所示。

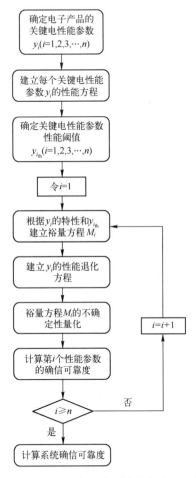

图 2-1　电子产品确信可靠性建模与分析一般流程

2.2.2　关键电性能参数及阈值

电子产品的关键电性能参数 y_i（$i=1,2,3,\cdots,n$；n 为关键性能参数的数目）。根据具体产品的功能需求,对每个关键性能参数进行分析,明确其为望目特性、望大特性或望小特性。

关键性能参数 y_i 的阈值表示为 $y_{i_{th}}$。性能参数的阈值是判断产品功能正常或故障的边界，阈值一般根据用户对产品的技术要求确定。例如，对于前述电热炉的功率参数，其阈值可以定为在功率指标要求 5% 内上下波动，即电功率在 1900 ~ 2100W，均作为合格产品。

一般情况下，性能参数阈值有以下几种。

（1）规范阈值。技术规范中规定的性能参数极限值，可以通过产品规格书或使用手册查询。

（2）设计阈值。产品设计过程中确定的性能参数设计极限值，通过设计报告或设计手册可以查到这个阈值。

（3）工作阈值。产品能正常工作的性能参数极限值，可以通过正常条件下的性能试验测试确定。

（4）破坏阈值。产品达到破坏的极限性能参数值，一般通过极限条件下的性能试验确定。

规范阈值、设计阈值、工作阈值和破坏阈值是递增的。

2.2.3　电性能裕量方程

关键性能参数的性能方程 $y_i = f(x_i)$（$i = 1,2,3,\cdots,s$; s 为性能方程的输入参数的数量），这些参数可以是电子产品的输入参数，如电热炉的电压，也可以是电子产品的元器件参数，如电热炉的电阻值。这些性能方程一般由电子工程、电气工程学科的基本原理决定。

对于望小、望大和望目特性，其裕量方程分别如下式[1]：

$$M_i = \begin{cases} y_{i_{th}} - y_i & \text{（若 } p \text{ 为 STB）} \\ y_i - y_{i_{th}} & \text{（若 } p \text{ 为 LTB）} \\ \min(y_{i_{th},U} - y_i, y_i - y_{i_{th},L}) & \text{（若 } p \text{ 为 NTB）} \end{cases} \quad (2-2)$$

式中：M_i 为第 i 个性能参数的裕量；$y_{i_{th},U}$，$y_{i_{th},L}$ 分别为望目特性参数的上、下界阈值。

从该定义中可以发现，性能裕量 M_i 是一个无量纲的量。当性能裕量 $M_i > 0$ 时，性能参数不会达到故障阈值，产品是可靠的；当 $M_i < 0$ 时，性能参数已经超过故障阈值，产品不可靠；当 $M_i = 0$ 时，性能参数与故障阈值重合，产品处于不稳定的临界状态。

需要指出的是，裕量方程中可以使用上述不同级别的阈值，即规范阈值、设计阈值、工作阈值或破坏阈值，但在依据确信可靠度计算结果进行设计决策时必须清楚阈值的级别。

2.2.4　不确定性分析与量化

实际工程中，由于产品受到各种不确定性的影响，因此性能裕量也是一个不确定的量。通过对性能裕量不确定性的量化,能够计算产品的确信可靠度指标。例如,在前文电热炉的案例中,首先,输入电压是一个不确定变量,电压值的波动规律可以用概率分布来表征;其次,电热丝的电阻值也是一个不确定变量,电阻值的波动规律也可以用概率分布来表征。对于实际电路,要逐一明确裕量方程中的每一个自变量是确定的还是不确定的,如果是不确定变量,则要进一步明确其不确定性的数学表征。

裕量方程的不确定性可分为参数的不确定性和模型的不确定性[3]。参数不确定性主要由物理参数的分散性导致,还有一部分是由于人们对于物理参数分散性认知不确定导致的。模型不确定性与建模者的认知不确定性有关,这里,只考虑参数的不确定性影响。产生参数不确定性的因素主要有以下几个。

(1) 元器件参数的分散性。对于一个具有完整功能的电路,所有器件的参数会与额定值存在一定误差,并保持在允许的制造工差范围内。

(2) 输入参数的分散性。不论是直流输入、交流输入还是其他输入,输入的电流、电压以及频率都会存在一定的误差范围。

(3) 导线、引脚的分散性。在一般的分析中往往将这些连接线看作理想连接线,或电阻值固定的连接线,但这些连接线在实际应用中也存在一定的分散性。

上述 3 类不确定性可以用概率分布来刻画,这些具有不确定性参数的随机组合,存在着影响电子产品的输出超出设计目标的可能。要定量地计算这种可能,则需要通过度量方程进行。

如果上述不确定性因素用概率分布来刻画,则电子产品电性能确信可靠度可以表示为

$$R_B = P\{M_i > 0\} \tag{2-3}$$

式中:M_i 为第 i 个关键性能参数的裕量。

对于电性能参数 $y_i(A, B, t)$ 的内因参数 $A = (a_1, a_2, \cdots, a_n)$,通过引入变量取值的概率密度函数来描述不确定性,即 $f(a_i \mid \theta_i)(i = 1, 2, \cdots, n)$,其中 θ_i 为内因参数的概率密度函数分布参数。同理,对外因参数 $B = (b_1, b_2, \cdots, b_n)$,使用概率密度函数 $g(b_i \mid \delta_i)(i = 1, 2, \cdots, n)$ 来描述不确定性,其中 δ_i 为外因参数的概率密度分布函数。

内因参数 A 的联合概率密度函数可以表示为 f_A,外因参数 B 的联合概率密度函数表示为 g_B,则 y_i 的概率密度函数可以表示为 $\Psi_P(f_A, g_B)$。那么确信可靠度可以计算为

$$
\begin{aligned}
R_B &= P\{M_i(y_i) > 0\} \\
&= \int \cdots \int_{M_i(y_i) > 0} \Psi_P(f_A, g_B)\,\mathrm{d}A\mathrm{d}B
\end{aligned}
\tag{2-4}
$$

这里再以电热炉为例,计算如下。

电热炉的额定功率为 2000W,这个性能参数为望目特性,其上、下界分别为 1900W、2100W。按照式(2-2),其性能裕量方程为

$$M_{P_T} = \min(P_{T_{\text{th},U}} - P_T, P_T - P_{T_{\text{th},L}})$$

$$= \min(2100 - P_T, P_T - P_T) \quad (p \text{ 为 NTB}) \quad (2\text{-}5)$$

假设电热炉的电压波动、电热丝的电阻值均服从正态分布,则电热丝的电阻值 R_T 为内因参数 $R_T = (R_{T1}, R_{T2}, \cdots, R_{Tn})$,服从 $R_T \sim N(\mu_{R_T}, \sigma_{R_T}^2)$,即 $f(R_T | \mu_{R_T}, \sigma_{R_T})$; 输入电压 U 为外因参数 $U = (U_1, U_2, \cdots, U_n)$,服从 $U \sim N(\mu_U, \sigma_U^2)$,即 $f(U | \mu_U, \sigma_U)$。 则电热炉功率的确信可靠度为

$$R_{B_{P_T}} = P\{M_{P_T}(P_T) > 0\}$$

$$= \int \cdots \int_{M_{P_T}(P_T) > 0} \Psi_{P_{P_T}}(f(R_T | \mu_{R_T}, \sigma_{R_T}), f(U | \mu_U, \sigma_U)) \mathrm{d}R_T \mathrm{d}U$$

$$= \int \cdots \int_{M_{P_T}(P_T) > 0} \Psi_{P_{P_T}}\left(\frac{1}{\sigma_{R_T}\sqrt{2\pi}} e^{-\frac{(R_T - \mu_{R_T})^2}{2\sigma_{R_T}^2}}, \frac{1}{\sigma_U\sqrt{2\pi}} e^{-\frac{(U - \mu_U)^2}{2\sigma_U^2}}\right) \mathrm{d}R_T \mathrm{d}U \quad (2\text{-}6)$$

当然,对于复杂电子产品,很难用解析方法直接计算出确信可靠度,此时则要基于 EDA 软件工具进行蒙特卡罗仿真得到确信可靠度的结果。蒙特卡罗方法又称为随机抽样法、统计试验法或随机模拟法,通过模拟随机现象进行仿真试验,得到试验数据,再进行分析推断。

2.2.5 确信可靠性计算

系统的确信可靠度可以按照所有关键性能参数的确信可靠度取小的原则确定。在工程上的物理意义是,最小的关键性能参数的确信可靠度指标也要大于设计要求的可靠度值。

2.3 案例分析

2.3.1 某电路纹波电流的确信可靠性建模与分析

1. 案例描述

根据以上所述方法,本案例对某电路纹波电流的确信可靠性进行建模与可靠性分析。图 2-2 所示为某电子产品信号处理电路原理图,首先应对其功能进行拆分。实线方框内的电路模块主要功能为处理并稳定输入电压,虚线方框内的电路模块主要功能为输出电流、电压到负载,其余的部分为运放模块,其功能是对电路信号进行比较变换。

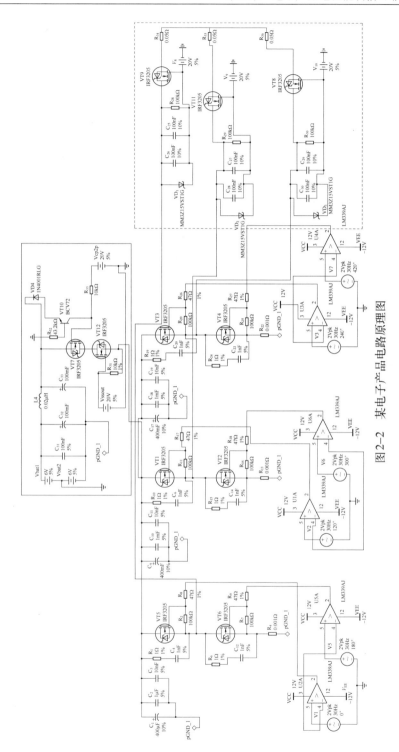

图 2-2　某电子产品电路原理图

25

本章内容将采用 Multisim 对电子产品电路进行仿真,相对于其他 EDA 软件,它具有更加形象、直观的人机交互界面,能够更好地仿真出真实电路的结果,并且它在仪器仪表库中还提供了万用表、信号发生器、瓦特表、双踪示波器、波特仪(相当实际中的扫频仪)、字信号发生器、逻辑分析仪、逻辑转换仪、失真度分析仪、频谱分析仪、网络分析仪和电压表及电流表等仪器仪表。还提供了日常常见的各种建模精确的元器件,如电感器、二极管、晶体管、继电器、晶闸管等。模拟集成电路方面有各种运算放大器、其他常用集成电路。

本节的电性能裕量仿真分析将在 Multisim 14.0 中进行建模仿真。Multisim 是美国国家仪器(NI)有限公司推出的仿真工具,适用于板级的模拟/数字电路板的设计工作。Multisim 提炼了通用模拟电路仿真器(simulation program with integrated circuit emphasis,SPICE)仿真的复杂内容,它包含电路原理图的图形输入、电路硬件描述语言输入方式,具有丰富的仿真分析能力。

2. 确定电路关键性能参数阈值

纹波电流是指,电流中的高次谐波成分会带来电流幅值的变化,可能导致电容器击穿。由于在交流电路中,交流输入信号在电容上发生耗散,如果电流的纹波峰峰值过高,超过电容器最大允许纹波电流,就会导致电容烧毁。图 2-3 所示为某电源输出纹波电流的波形。

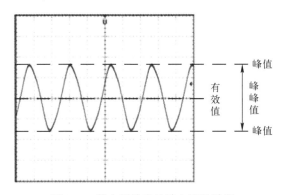

图 2-3 某电源输出纹波电流的波形

最大允许纹波电流又称为额定纹波电流 I_{RAC}。其定义为:在最高工作温度条件下电容器所能承受的最大交流纹波电流有效值。并且指定的纹波为标准频率(一般为 100~120Hz)的正弦波。一般而言,从该电容器规格书中可以得到它能承受的最大纹波电流。图 2-4 所示为某型铝电解电容器规格书,从中可以查询到在某一频率下该电容器最大允许纹波电流。

从图 2-4 中可以查到该电容器工作在 105℃、100kHz 频率下,以及对应电容量和电压及电容器尺寸下的最大允许纹波电流 I_R。若该电路在工作环境中温度和频率与手册列出不一致,则需要通过修正系数进行计算,修正系数表格也可从电容器规格书中查找。图 2-5 所示为某型铝电解电容器规格书的纹波电流修正系数。

● 尺寸及最大允许纹波电流 (mA·rms, 105℃, 100kHz)

CAP/μF	电压/V							
	200		250		400		450	
	尺寸	I_R	尺寸	I_R	尺寸	I_R	尺寸	I_R
1					8×12	60	8×12	70
1.2					8×12	70	8×12	75
1.5					8×16	75	8×16	80
1.8					8×16	80	8×16	90
2.2					8×16	90	8×16	110
2.7					10×16	105	10×16	120
3.3			8×12	70	10×16	110	10×16	125
4.7			8×16	95	10×16	120	10×20	130
5.6			8×16	110	10×20	150	10×20	160
6.8	8×16	110	8×16	120	10×20	180	12×20	190
8.2	10×16	120	10×16	160	12×20	217	12×20	240
10	10×16	230	10×16	260	12×20	270	12×20	290

图 2-4　某型铝电解电容器规格书

● 纹波电流修正系数

■频率系数

频率/Hz	50 (60)	100 (120)	1k	10k	100k
系数	0.5	0.6	0.7	0.8	1.0

■温度系数

温度/℃	+105	+85	+65
系数	1.0	1.7	2.0

图 2-5　某型铝电解电容器规格书的纹波电流修正系数

其修正后的最大允许纹波电流 I_{Rr} 计算公式为

$$I_{Rr} = I_R \cdot n_F \cdot n_T \tag{2-7}$$

式中:I_R 为规格书中相应电容及电压下的最大允许纹波电流;n_F 为相应频率下的频率修正系数;n_T 为相应温度下的温度修正系数。

但是大部分电容器规格书中给出的最大允许纹波电流是均方根值,即有效值。纹波电压与纹波电流间的关系为

$$U_{rms} = I_{rms} \cdot ESR \tag{2-8}$$

峰峰值之间的关系也同理,电容器规格书中给出最大允许纹波电流有效值是为了与等效串联电阻值(equivalent series resistanc,ESR)进行对应,向用户反映电容器允许的最大功耗。但是在纹波电流的裕量仿真分析中,纹波电流的峰峰值才

27

是真正导致电容器击穿的参数,因此仿真得到的峰峰值数据并不能直接与规格书中的最大允许纹波电流有效值进行比较。但由于几乎没有电容器规格书中会列出其最大允许纹波电压或电流的峰峰值,因此需要进行有效值—峰峰值转换。

对于图 2-2 的案例,其中存在多种电性能参数,如纹波电流、电路输出功率、反向电压等。由于在该电路中电容器的作用较为重要,且容易由于纹波电流发生击穿现象,因此接下来将以纹波电流为例,对电性能裕量进行仿真分析。

在对上述电路进行建模后,可以在较为重要的电容两端连接示波器,来观察该电容中是否有较为明显的纹波电流通过。图 2-6 所示为示波器连接方法。

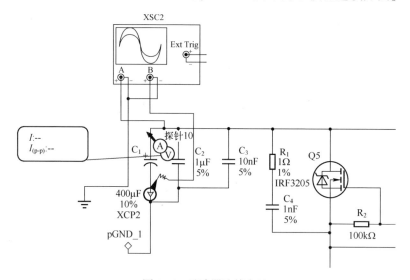

图 2-6 示波器连接方法

由于 Multisim 自带的仿真工具示波器显示输出为电压,因此需要添加电流探针把所检测到的电流转化为电压,转换比例为 1∶1,将示波器 A、B 两端口正极接在极性电容 C_1 两端,负极共地,运行电路后可以得到波形如图 2-7 所示。

接下来需要对极性电容 C_1 进行最大允许纹波电流的确定。该电容器型号为 TAJE477K006RNJ,是 AVX 钽电容,查询其规格书找到对于最大允许纹波电流的列举表格,可以得到该电容器在 105℃、100kHz 频率下,以及对应电容量和电压及电容器尺寸下的最大允许纹波电流为 5.2A。从图 2-7 所示的示波器中可以得出,该器件的工作频率超过 100kHz,由图 2-5 可知其频率系数为 1,因此最大允许纹波电流有效值为 5.2A。

但根据前文所述,电容器最大能够承受的纹波电流取决于其峰值。由于其波形为正弦波形,对于正弦波而言,其峰值为有效值的 $\sqrt{2}$ 倍(波峰系数 K_p),因此对于纹波电流峰值的计算公式,可得到纹波电流峰值为

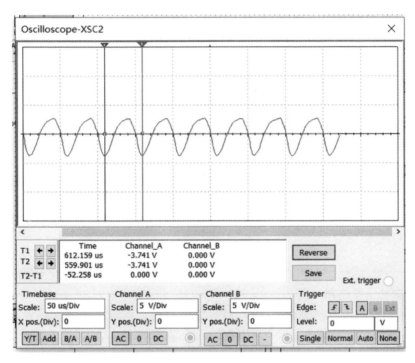

图 2-7　运行后的示波器显示纹波电流

$$I_{pp} = K_p \cdot I_{rms}$$
$$= \sqrt{2} I_{rms} \tag{2-9}$$

经代入计算,该电容器的最大允许纹波电流约为 7.35A。

3. 建立纹波电流裕量方程

为了分析电路中敏感电容器的可靠度并进行可靠性分析,在进行蒙特卡罗仿真之前需先对要研究的电性能参数建立裕量方程。由于电容器的设计手册中给出了最大许用纹波电流,因此纹波电流属于望小型的性能指标。

$$M_f = f_{th} - y_f > 0, \ f_{th} = 7.35A \tag{2-10}$$

4. 设定电路输入分布情况

在仿真开始之前,还需要对各输入部分的情况进行设置,具体如表 2-2 所列。

表 2-2　各端口输入参数列表

端口	输入电压/V	分布及类型
V_{bat1}	6	$V_{bat1} \sim N(6,3)$ 正态分布
V_{bat2}	6	$V_{bat2} \sim N(6,3)$ 正态分布
V_{cp2p}	20	$V_{cp2p} \sim N(18,9)$ 正态分布

续表

端口	输入电压/V	分布及类型
V_{ssout}	20	$V_{ssout} \sim N(18,9)$ 正态分布
V_8	20	$V_8 \sim N(18,9)$ 正态分布
V_9	20	$V_9 \sim N(18,9)$ 正态分布
V_{10}	20	$V_{10} \sim N(18,9)$ 正态分布
V_1	12	$V_1 \sim U(11.4,12.6)$ 均匀分布
V_2	12	$V_2 \sim U(11.4,12.6)$ 均匀分布
V_3	12	$V_3 \sim U(11.4,12.6)$ 均匀分布
V_5	12	$V_4 = 5 \sim U(11.4,12.6)$ 均匀分布
V_6	12	$V_6 \sim U(11.4,12.6)$ 均匀分布
V_7	12	$V_7 \sim U(11.4,12.6)$ 均匀分布

5. 蒙特卡罗仿真

在进行蒙特卡罗仿真分析之前,首先需要对仿真参数进行输入设置,这也是 Multisim 软件中对于蒙特卡罗分析的第一步。在软件的仿真分析功能里,可以单击"蒙特卡罗"仿真分析,这时需要输入该电路所有需要考虑容差的元器件。容差设置是进行确信可靠性分析重要的一步,不同的容差大小以及容差分布会影响蒙特卡罗的抽取结果,从而影响最终的输出结果。这些容差则被认为是该电路元器件的参数随机不确定性,这对于确信可靠性的研究有着重要的意义。

在设定好必要的蒙特卡罗运行条件后,运行蒙特卡罗进行仿真,程序将根据用户设定的仿真次数,每一次从容差列表中将每一个元器件抽取一个参数作为一组,并对电路原理图进行仿真,根据设置的仿真次数,逐次在坐标图上对测量到的参数进行记录。

蒙特卡罗仿真可以将每个参数图像进行输出,并可以通过勾选/取消勾选来显示/隐藏图像,对极端个例或不需要的图像进行隐藏。从运行日志描述中可以看到每次运行时所有变量的蒙特卡罗抽样取值情况。图 2-8 所示为纹波电流图像的蒙特卡罗仿真结果。

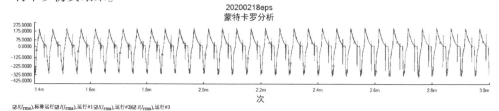

图 2-8 蒙特卡罗仿真的纹波电流

从图 2-8 所示纹波电流波形,可见该电流平稳稳定,无较大跳变,周期均匀。

6. 蒙特卡罗仿真结果输出与可靠度

使用蒙特卡罗抽样的方法可直接对输出结果进行统计计算,这种方法适用于仿真过程输入变量较少的情况。由于此方法需要足够多的数据输出来进行统计计算,若仿真输入变量过多,仿真过程往往会较慢,影响输出效率。以上仿真后的蒙特卡罗抽样仿真结果可以输出到 Excel 表格中,方便后续的计算。为了保证蒙特卡罗数据的准确性与可信性,这里对上述案例进行了 1000 次仿真,表 2-3 对其中的前 20 次进行了列举,但由于仿真变量较多,无法全部列举。

表 2-3　蒙特卡罗仿真输出结果(前 20 次)

仿真次数	V_{bat1} /V	V_{bat2} /V	V_{ssout} /V	V_{cp2p} /V	V_8 /V	V_9 /V	V_{10} /V	C_1 /μF	纹波电流峰值 /A
1	4.18	5.834	18.922	17.79	30.258	41.333	23.654	396	6.053
2	4.568	6.547	13.467	22.946	16.096	6.3916	26.777	400	3.942
3	4.648	4.352	23.401	-7.546	23.468	17.633	13.009	432	2.234
4	5.561	11.83	38.731	20.544	14.669	23.408	17.539	390	5.125
5	6.004	0.667	1.5079	15.02	6.6654	19.359	20.823	461	4.964
6	2.949	6.014	17.542	19.331	13.617	5.1486	8.8475	489	5.488
7	5.653	8.669	18.559	24.065	14.28	8.484	10.806	501	4.322
8	9.655	3.456	31.523	4.4422	24.937	23.443	32.51	472	3.234
9	8.209	-1.6	0.8609	16.461	5.6604	15.354	28.664	486	2.973
10	5.958	0.398	16.595	28.793	1.8667	7.876	10.554	433	6.752
11	4.296	5.035	44.525	14.206	2.4706	17.527	14.515	449	5.832
12	6.293	8.091	13.196	17.92	25.219	14.101	0.0283	515	3.121
13	2.172	12.94	15.139	21.293	27.559	13.994	30.576	483	7.931
14	6.124	1.961	22.828	5.3438	10.633	7.7694	25.949	491	6.124
15	5.654	3.599	11.992	23.21	13.019	28.208	15.605	462	4.533
16	4.508	7.146	7.4417	21.235	22.111	38.543	24.038	450	1.563
17	4.675	1.996	24.072	30.685	-3.008	-6.74	10.423	513	0.987
18	6.529	6.273	6.6419	18.161	18.324	10.728	10.947	474	3.443
19	4.909	6.904	23.46	11.072	5.4824	27.022	12.81	402	2.761
20	3.024	7.206	12.349	10.385	24.603	11.715	14.475	516	7.011

根据数据统计结果以及性能裕量公式,有

$$M_f = f_{th} - y_f > 0, \quad f_{th} = 7.35 A \tag{2-11}$$

1000 组数据中共有 972 组数据的纹波电流值小于 f_{th}，剩余的 38 组数据大于 f_{th}，因此可计算得到该元器件的确信可靠度为

$$R_f = \frac{972}{1000} = 97.2\% \tag{2-12}$$

2.3.2 某型连接器接触电阻的确信可靠性建模与分析

1. 案例描述

本案例以 M5 电连接器为研究对象，以接触电阻为该元器件的关键电性能参数，建立性能与裕量方程以及退化方程，进行确信可靠性分析。M5 电连接器作为某公司的平台产品，将在 IEC 标准下做成三头螺纹快锁紧产品，主要由公母胶头、插针插孔、包胶模材料、O 形环、内外螺纹、线材等部分构成。

2. 接触电阻阈值分析

对于接触电阻，在产品标准 IEC 61076-2-105-2008（M5）中规定，选取 M5 电连接器样品进行可靠性试验时，插针插孔接触对的接触电阻在试验前的初始值不得大于 10mΩ。基于可靠性试验对于接触电阻的规定，对于接触电阻的阈值设计为 M5 电连接器成品（非可靠性试验样品）制造完成后，交付用户前的接触电阻设计失效阈值为 10mΩ。因此，在后续分析中，对于接触电阻固有可靠度分析，选取 10mΩ 作为失效阈值。

3. 接触电阻性能方程建模与分析

接触电阻主要由体电阻、收缩电阻、膜层电阻组成，三者之间为串联关系，即接触电阻为体电阻、收缩电阻、膜层电阻之和。体电阻主要与端子的结构、横截面积、材料电导率等因素有关，体电阻在使用过程中基本不变。对于收缩电阻，在两导体平面接触时，由于表面并非绝对光滑，存在高低不平的微凸体，电流在通过微凸体时截面积会显著增加[4]，进而增加额外的收缩电阻。膜层电阻则是因为端子表面通常附加有氧化膜、有机气体吸附膜、尘埃等，电流在穿过这些膜层时通过"隧道效应"实现，在这个过程中产生附加的膜层电阻[5]。

对于收缩电阻，王文玲等[6]给出以下公式，即

$$R_S = k\rho\sqrt{\frac{H}{F}} \tag{2-13}$$

式中：R_S 为收缩电阻；k 为计算系数；ρ 为端子材料电阻率；H 为接触材料硬度；F 为正向力。

通过对 M5 电连接器开展力学仿真，计算不同过盈量、材料属性等条件下端子正向力的变化情况，为正向力的响应面分析、接触电阻性能建模分析以及裕量建模试验提供仿真基础。采用 ANSYS 工作台的静力学仿真模块进行仿真，首先进行仿

真设置。根据供应商提供的资料制定零件、材料与属性,列于表 2-4 中。

表 2-4　各单元材料与属性

零件	材料	密度 /(kg/m³)	热导率 /[W/(m·K)]	电阻率 /(Ω·m)	比热容/ [J/(kg·K)]	弹性模量 /GPa	泊松比
插针插孔	QSn4-3Y	8800	50.2	$3.4×10^{-8}$	380	110	0.33

依据所提供产品资料,基于插孔的缩口设计,插针插孔的过盈量为 0.035mm。仿真后插拔力变化状况见图 2-9。

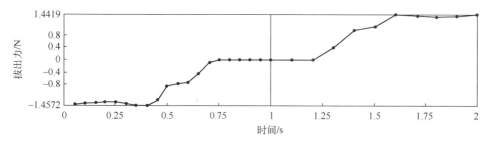

图 2-9　端子插拔力变化情况

在插拔过程中,端子的插入力与拔出力基本对称。其中拔出力最大为 1.4572N,插入力最大为 1.4419N。其中插拔力最大发生在插针头部的球面与插孔缩口接触时,此时相对过盈量最大,插拔力最大。当端子应变最大时,可以看到,插孔与插针头部接触部位应变最大。

如果在生产过程中对于过盈量把关不严,有可能出现过盈量不符合设计要求。在产品使用过程中,由于端子表面的氧化腐蚀、磨损、冲击等原因,插针插孔的过盈量也会减少。当过盈量下降至 0.02mm 时,插拔力仿真结果见图 2-10。

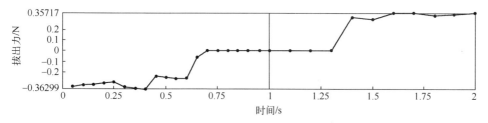

图 2-10　过盈量退化后端子的插拔力

此时拔出力最大为 0.36229N,插入力最大为 0.35717N。随着过盈量的退化,插拔力明显减小,表征正向力也显著降低。因此,这会导致插针插孔接触不够紧密,致使接触电阻增加。

接下来利用 Design-Expert 软件对 M5 电连接器开展响应分析,构建代理模型,拟合产品正向力与过盈量、端子材料弹性模量等参数的函数关系,为评估产品可靠性、开展优化设计提供基础。

(1) 分析因素的选取和单因素范围的确定。由 FPMA 确定响应分析的设计因素为过盈量、端子材料弹性模量与泊松比及摩擦系数。响应因素即为端子正向力。在响应面分析中,将各影响因素转化为编码因子(code factor)进行多元回归分析。对于因素范围的确定,需要保证所取值位于可行域中,能保证试验及仿真正常实现,不会由于载荷过大等原因导致产品破坏或仿真中断,所取范围见表 2-5。

表 2-5 响应面分析因素

编码因子	名 称	单 位	低	高
A(数值型)	推理	mm	0.01	0.06
B(数值型)	弹性模量	GPa	90	130
C(数值型)	泊松比		0.22	0.44
D(数值型)	摩擦系数		0.2	2

(2) 响应面分析设计。本次响应面分析采用 Box-Benhnken 设计方法。利用 Design-Exper 软件设计试验,并利用 ANSYS 工作台按照试验设定因素进行仿真,得到试验结果。

(3) 构建模型与分析。首先对各种数学模型进行显著性检验,并通过模型的显著性检测、相关性检验等选择适合的模型。表 2-6 为代理模型显著性检验结果。

表 2-6 代理模型显著性检验

源	序列 P 值	缺少拟合 P 值	调整 R^2	预计 R^2	
一次	**<0.0001**		**0.8577**	**0.8137**	建议
2FI	0.9366	—	0.8185	0.6510	
二次	**<0.0001**		**0.9932**		建议
三次	0.0185		0.9998		别名

二阶模型相关性显著。采用二阶形式进行设计,得到拟合函数为

$$F = 10.47268 - 678.73796h - 0.061385E - 15.78957\nu + 1.49662\mu +$$
$$4.60125hE + 168.48182h\nu - 58.53183h\mu + 0.014568E\nu -$$
$$0.002924E\mu - 0.044192\nu\mu + 9907.33133h^2 - 0.000085E^2 +$$
$$16.40157\nu^2 + 0.084854\mu^2 \tag{2-14}$$

式中:F 为端子正向力;h 为过盈量;E 为端子材料弹性模量;ν 为泊松比;μ 为摩擦系数。

之后进行模型显著性检验与相关性检验,如表 2-7 所列。

表 2-7　模型显著性检验与相关性检验

源	平方和	df	均方值	F 值	P 值	
模型	2268.89	14	162.06	252.03	<0.0001	显著性
A 推断	1967.05	1	1967.05	3059.05	<0.0001	
B 弹性模数	32.74	1	32.74	50.91	<0.0001	
C 泊松比	0.8975	1	0.8975	1.40	0.2648	
D 摩擦系数	4.78	1	4.78	7.44	0.0213	
AB	21.17	1	21.17	32.92	0.0002	
AC	0.8587	1	0.8587	1.34	0.2747	
AD	6.94	1	6.94	10.79	0.0082	
BC	0.0041	1	0.0041	0.0064	0.9379	
BD	0.0111	1	0.0111	0.0172	0.8982	
CD	0.0001	1	0.0001	0.0001	0.9915	
A^2	108.26	1	108.26	168.36	<0.0001	
B^2	0.0033	1	0.0033	0.0051	0.9447	
C^2	0.1112	1	0.1112	0.1729	0.6863	
D^2	0.0133	1	0.0133	0.0207	0.8883	
残差	6.43	10	0.6430			
总和	2275.32	24				

其中,模型 F 值为 252.03,表示该模型很显著。只有小于 0.01% 的概率会因噪声而出现如此大的 F 值。P 值小于 0.0500 的模型项如 A、B、D、AB、AD 等是显著的模型项。而值大于 0.1000 表示模型项不显著。对于不显著的模型项,可考虑更新或者简化设计。

4. 接触电阻性能建模

为了验证收缩电阻性能模型,选取 M5 的相似产品 mini8 电连接器进行接触电阻的测试。mini8 与 M5 均为小电流锡青铜镀金圆形连接器,接触电阻形成与退化机理相似。通过测试相似产品的接触电阻及设计参数,验证并更新收缩电阻性能方程。

选 5 个样品,共 40 个插针插孔接触对进行接触电阻的测试,测试结果见表 2-8。

表 2-8　mini8 端子接触电阻测试结果

样品	针 1	针 2	针 3	针 4	针 5	针 6	针 7	针 8
S1	3.34	2.87	3.04	3.26	3.18	3.53	2.96	3.08
S2	3.17	3.69	3.28	3.17	2.78	3.26	3.34	3.62
S3	3.16	2.78	3.17	3.45	3.27	2.79	2.98	3.26
S4	3.18	3.42	2.69	3.88	3.48	3.21	3.53	3.24
S5	2.77	3.52	2.26	3.25	3.64	2.69	3.25	3.18

将以上 40 个端子接触电阻测试结果进行处理，计算得到 mini8 端子的接触电阻阻值期望为 3.11125MΩ。根据工艺手册可查得，端子的等效半径为 0.33mm，端子材料电阻率为 $3.4×10^{-8}$ Ω·m，利用 Ansys 软件计算得到体电阻的阻值为 1.697MΩ，由于接触电阻为体电阻、收缩电阻、膜层电阻之和，假设出厂时端子表面光滑膜层电阻为 0，可计算得到初始收缩电阻值为 1.41425MΩ。mini8 端子过盈量设计值为 0.045mm，端子材料、接触材料等均与 M5 产品一致。

将上述结果推导正向力为 14.3022N。代入响应面分析，更新正向力-收缩电阻模型为

$$F = 10.48450 - 678.77566h - 0.061546E - 15.80551\nu + 1.49617\mu +$$
$$4.60125hE + 168.48182h\nu - 58.52629h\mu + 0.014568E\nu -$$
$$0.002924E\mu - 0.044192\nu\mu + 9907.75892h^2 - 0.000084E^2 +$$
$$16.42572\nu^2 + 0.085023\mu^2 \tag{2-15}$$

5. 接触电阻确信可靠性分析

选取 100 个样品进行产品端子半径以及接触电阻的检测。利用 MATLAB 软件，采用蒙特卡罗方法进行数值仿真，计算产品的可靠度。假设各参数分布形式均为正态分布。过盈量本质上为插针外径减去插孔内径，因此过盈量理论上也服从正态分布，均值为设计值，方差为监测方差相加。材料弹性模量、泊松比、接触硬度、端子电阻率等材料属性设置为变异系数为 0.05 的正态分布。摩擦系数在一定范围内与表面摩擦度呈正相关关系，因此参考表面粗糙度 $Ra = 0.15~0.25\mu m$ 的取值，设置摩擦系数为变异系数 0.025 的正态分布。各参数不确定分布见表 2-9。

表 2-9　参数分布

参　　数	分布类型	期　望 μ	标准差 σ
过盈量/mm	$N(\mu,\sigma)$	0.035	0.00410122
弹性模量/GPa	$N(\mu,\sigma)$	110	5.5
泊松比	$N(\mu,\sigma)$	0.33	0.0165
端子导体电阻率/(Ω·m)	$N(\mu,\sigma)$	$3.4×10^{-8}$	$1.7×10^{-9}$
摩擦系数	$N(\mu,\sigma)$	0.2	0.025
接触材料硬度/HV	$N(\mu,\sigma)$	86.2	4.31

利用 MATLAB 建模进行数值仿真。将上述参数数据代入，计算接触电阻性能指标的确信可靠度，失效阈值取设计要求 10mΩ。数值仿真得到接触电阻可靠度为 0.999995，可靠度达到 5 个 9 的水平。这说明当前对于各参数设计合理，对于端子半径尺寸的不确定性控制到位，当表面质量适当、材料质量不出现过大偏差时，对于接触电阻来说，在出厂时可以保证很高的可靠度。

本章以电子产品关键电性能参数为主线,对其电性能方程、裕量方程的建立过程进行详细介绍,给出电子产品电性能确信可靠性分析的一般流程,并以两个实际案例详细演示确信可靠性分析的过程。需要指出的是,本章的具体内容与电子产品的容差分析工作是等价的,但是基于确信可靠性理论给出的可靠性分析流程,对电子产品的热性能分析、振动性能分析和电磁性能分析,具有共性的一般指导意义。

2.4　本章小结

本章主要介绍电子产品的电性能确信可靠性分析方法,并以实际案例说明工程上进行电性能确信可靠性分析的步骤。案例中所应用的 EDA 仿真方法、响应面建模方法、代理模型建模方法都是工程上常用的。其中蒙特卡罗仿真分析是大多数 EDA 软件都具备的功能。因此,这些方法适用于大多数可以建立 EDA 模型的电子产品的确信可靠性分析过程。

参考文献

[1]　康锐,等 . 确信可靠性理论与方法[M]. 北京:国防工业出版社,2020.

[2]　康锐,何益海 . 质量工程技术基础[M]. 北京:北京航空航天大学出版社,2012.

[3]　ZHANG Q,KANG R,WEN M. Belief reliability for uncertain random systems[J]. IEEE Transactions on Fuzzy Systems,2018,26(6):3605-3614.

[4]　申正宁 . 大电流连接器的热分析与热设计[D]. 北京:北京邮电大学,2015.

[5]　刘娟 . 电连接器步进应力加速退化试验技术的研究[D]. 杭州:浙江大学,2013.

[6]　王文玲 . 汽车连接器端子正向力分析[J]. 汽车零部件,2013(03):101-102.

第 3 章

电子产品热环境确信可靠性分析

电子产品在工作过程中会产生一定的热量,环境中的热量也会作用到产品上,因此满足热性能的设计要求是保证可靠性的重要环节。本章从传热学的基本理论出发,详细介绍热环境下产品确信可靠性分析流程,包括热性能参数的获取方法、热性能裕量建模方法、建模过程中不确定性的来源、基于仿真分析和理论推导的两种不确定性的度量方法,以及热环境下电子产品确信可靠度计算方法。最后以单板计算机为案例进一步说明热环境确信可靠性分析的具体过程。

3.1 基本概念

3.1.1 传热学基础

传热的基本原则是,凡是有温差的地方就有热量传递,热量从高温区流向低温区,高温区发出的热量必定等于低温区吸收的热量。物体各部分之间不发生相对位移时,依靠分子、原子及自由电子等微观粒子的热运动而产生的热能传递称为热传导。

1. 导热

气体导热是气体分子不规则运动时相互碰撞的结果,金属导体中的导热主要靠自由电子的运动来完成,非导电固体中的导热是通过晶格结构的振动实现的,液体中的导热机理主要靠弹性波的作用。导热基本定律是傅里叶定律:在纯导热中,单位时间内通过给定面积的热流量,正比于该处垂直于导热方向的截面面积及其温度变化率。其计算公式为

$$\varPhi = -k_{h} S_1 \frac{\partial T}{\partial x} \qquad (3-1)$$

式中:$\varPhi$ 为热流量;k_{h} 为材料热导率;S_1 为导热方向上的截面面积;$\frac{\partial T}{\partial x}$ 为 x 方向的

温度变化率;负号表示热量传递的方向与温度梯度的方向相反。与质量、动量和电量的传递一样,热量的传递也是一种常见的传输过程。对于单层平壁,如两个表面分别维持均匀恒定的温度 T_1 和 T_2,壁厚为 δ,则由傅里叶定律可推导得

$$\Phi = kA_1 \frac{T_1 - T_2}{\delta} = \frac{\Delta T}{R_T} \qquad (3-2)$$

式中: R_T 为平壁导热热阻。

$$R_T = \frac{\delta}{kA_1} \qquad (3-3)$$

2. 对流

对流是指流体各部分之间发生相对位移时所引起的热量传递过程。对流仅发生在流体中,且必然伴随着导热现象。流体流过某物体表面时所发生的热交换过程,称为对流换热。由流体冷热各部分的密度不同所引起的对流称为自然对流。若流体的运动由外力(泵、风机等)引起,则称为强迫对流。对流换热可用牛顿冷却公式计算,即

$$\Phi = hS_2(T_w - T_s) \qquad (3-4)$$

式中: h 为对流换热系数; S_2 为对流换热面积; T_w 为热表面温度; T_s 为冷却流体温度。

3. 辐射

物体以电磁波形式传递能量的过程称为热辐射。辐射能在真空中传递能量,且有能量形式的转换,即热能转换为辐射能及从辐射能转换成热能。任意物体的辐射能力表示为

$$\Phi = \varepsilon S_3 \sigma T^4 \qquad (3-5)$$

式中: ε 为物体的黑度; σ 为斯忒藩-玻尔兹曼常数; S_3 为辐射表面积。

3.1.2　热设计

对于电子产品来说,影响其可靠性指标的一个重要因素就是元器件的工作温度。电子产品的故障率有 55% 是由温度超过电子元件的规定值引起的。因此,对电子产品进行热设计是十分必要的。温度对各种类型元器件的性能影响是不同的,在常见的元器件中,温度对于半导体器件的影响最大。电子产品中大量应用的半导体器件如集成运放、晶体管-晶体管逻辑电路(transistor-transistor logic,TTL)芯片、各种电源稳压芯片等,其基本组成单元都是 PN 结,对温度变化非常敏感。

元器件热匹配设计的目的是尽可能减少元器件内部相连材料之间热膨胀系数的差别,以减少热应力对元器件性能与可靠性的影响。应注意管芯的热设计、封装键合的热匹配设计和管壳的热匹配设计。

管芯的热设计主要通过版图的合理布局使芯片表面温度尽可能分布均匀,防止出现局部过热点。封装键合的热匹配设计主要通过合理选择封装、键合和烧结材料,尽可能降低材料的热阻以及材料之间的热不匹配性,防止出现过大的热应力。对于功率晶体管,为了降低硅芯片与铜底座之间的热膨胀系数差,通常在铜底座上加约0.4mm厚的钼片或柯伐合金片作为过渡层。柯伐合金的热膨胀系数与硅更为接近。但应注意,柯伐合金的热导率比铜低,过渡层的加入会使管座的热阻增大。管壳的热匹配设计主要应考虑降低热阻,即对于特定耗散功率的器件,它应具有足够大的散热能力。对于耗散功率较大的集成电路,为了改善芯片与底座接触良好,多采用芯片背面金属化和选用绝缘性与导热性好的氧化铍陶瓷,以增加散热能力。采用不同标准外壳封装的半导体集成电路热阻的典型值见表3-1。

表3-1 采用不同标准外壳封装的半导体集成电路热阻的典型值

器件引出端数	热阻/(℃/W)		
	扁平陶瓷	双列直插陶瓷	双列直插塑料
8	150	135	150
14	120	110	120
16	120	100	118
24	90	60	85

印制电路板(printed circuit board,PCB)热设计需要考虑基板和元器件之间的热匹配设计,防止在使用中产生结构破坏。此外,PCB的导线由于通过电流而引起温升,规定其环境温度应不超过125℃(常用的典型值,根据选用的基材可能不同)。由于元器件安装在PCB上也发出一部分热量而影响PCB的工作温度,所以在选择PCB材料和PCB设计时应考虑到这些因素,热点温度应不超过125℃。PCB基材尽可能选择更厚一点的覆铜箔,在特殊情况下可选择铝基、陶瓷基等热阻小的基材,有助于PCB热设计。

目前广泛应用的PCB基材是覆铜环氧玻璃布基材或酚醛树脂玻璃布基材,还有少量的纸基覆铜基材。这些基材虽然具有优良的电气性能和加工性能,但散热性差,作为高发热元器件的散热途径,几乎不能指望由PCB本身树脂传导热量,而是从元器件的表面向周围空气中散热。但随着电子产品进入部件小型化、高密度安装、高发热化组装时代,只靠十分小的元器件表面积来散热是不够的。同时由于方形扁平封装(quad flat package,QFP)、球栅阵列(ball grid array,BGA)封装等表面安装元器件的大量使用,元器件产生的热量大量地传给PCB,因此解决散热的最好方法是提高与发热元器件直接接触的PCB自身的散热能力,把热量通过PCB传导出去或散发出去。

PCB 上元器件的布局也是热设计需要考虑的,元器件布局会影响元器件工作时的温度场分布情况,也会影响对流散热效果。在 PCB 布局时,元器件与元器件之间、元器件与结构件之间应保持一定的距离,以利空气的流动,增强对流散热。所有元器件在 PCB 板上尽可能均匀分布,有利于散热气流的均匀化以及芯片温度的均匀化,尤其是发热元件更应均匀分布,以利于单板和整机的散热。对温度敏感或耐热性差的器件,如小信号晶体管、精密运算放大器、晶振、存储器、电解电容器等,应放在冷却气流的最上游,即气流的入口处。尽量靠近印制板的底部,不允许放在发热器件的正上方。应远离自身温升超过 30℃ 的热源,风冷条件下,距热源距离不应小于 2.5mm;自然冷却条件下,距热源距离不应小于 4.0mm。

对于发热元器件,或者大功率元器件,需要使用散热器辅助散热。散热器的位置应远离温度敏感元器件,紧靠发热元器件。散热器的安装方向应根据冷却方式而定。对于自然冷却,散热器的叶片应平行于气流方向,以便不阻挡气流。而且自然冷却的气流是从下往上,因此散热器以纵向安装为宜。在散热器材料的选择方面,应选择热容高、热导率大、表面辐射系数大的金属材料。可用来制作散热器的金属材料如表 3-2 所列。最常用的散热器材料是表面覆盖黑色氧化铝的材料,氧化表面的辐射效率比抛光表面高 10~15 倍。铜的散热效果更好,但过重且价格较贵。

表 3-2 可用作散热器材料的金属

金属类型	表面处理方式	热容 /[J/(cm^3·℃)]	热导率 /[W/(m·℃)]	表面辐射系数 (热黑体为1)
铝	抛光	2.47	210	0.04
	粗加工			0.06
	油漆			0.9
	无光阳极氧化			0.8
铜	抛光	3.5	380	0.03
	机械加工			0.07
	黑色氧化			0.78
钢	普通加工	3.8	40~60	0.5
	油漆			0.8
锌	灰色氧化	2.78	113	0.23~0.28

3.1.3 热分析方法

1. 热分析有限元法

有限元法历史悠久,最初在航空和土木工程领域应用。人们公认为有限元法起源于 1941 年 Courant 在美国数学学会的一次演讲。随着计算机工具的发展,有限元方法在 20 世纪 50 年代中后期快速发展。1972 年后有限元方法被应用在空间设备的导热-辐射问题中[1-2]。热分析有限元法现已成为工程分析中普遍采用的一种方法,并可以解决复杂的工程分析问题。

有限元法具有以下特点。

(1) 在计算节点温度时考虑相邻单元温度对节点温度的影响,在每个单元内计算温度的近似值。

(2) 可应用于具有复杂边界的温度场分析。根据分析对象内部的温差设置节点的疏密,在保持节点数不变的情况下提高计算精度。单元划分较灵活。

(3) 有限元法在热分析上仍然使用热力学基本方程,在直角坐标下三维热传导控制方程为[3]

$$\rho_d C \frac{\partial T}{\partial t} - \frac{\partial}{\partial x}\left(k_{hx}\frac{\partial T}{\partial x}\right) - \frac{\partial}{\partial y}\left(k_{hy}\frac{\partial T}{\partial y}\right) - \frac{\partial}{\partial z}\left(k_{hz}\frac{\partial T}{\partial z}\right) = \rho_d Q \qquad (3-6)$$

化简,得

$$\frac{\partial}{\partial x}\left(k_{hx}\frac{\partial T}{\partial x}\right) + \frac{\partial}{\partial y}\left(k_{hy}\frac{\partial T}{\partial y}\right) + \frac{\partial}{\partial z}\left(k_{hz}\frac{\partial T}{\partial z}\right) + q_B = 0 \qquad (3-7)$$

初始条件为

$$T(x,y,z,0) = T_0(x,y,z) \qquad (3-8)$$

对非定常温度场,$q_B = \rho_d Q - \rho_d C \cdot \frac{\partial T}{\partial t}$;对定常温度场,$q_B = \rho_d Q$。其中,$\rho_d$ 为密度,C 为比热容,t 代表时间,k_{hx}、k_{hy}、k_{hz} 代表沿 x、y、z 方向的热导率,$Q = Q(x,y,z,t)$ 代表物体内热源。

三维热传导控制方程具有 4 类边界条件,分别为对流边界 Ω_c、辐射边界 Ω_r、传导边界 Ω_2 及给定温度边界 Ω_1。结合边界条件得到温度场的泛函为

$$J = \int_V \left\{ \frac{1}{2}\left[\frac{\partial}{\partial x}\left(k_{hx}\frac{\partial T}{\partial x}\right) + \frac{\partial}{\partial y}\left(k_{hy}\frac{\partial T}{\partial y}\right) + \frac{\partial}{\partial z}\left(k_{hz}\frac{\partial T}{\partial z}\right) \right] - Tq_B \right\} dV -$$

$$\int_{\Omega_c} h\left(T_e T_s - \frac{1}{2}T_s^2\right) d\Omega - \int_{\Omega_r} \varepsilon\omega\sigma\left(T_r^4 T_s - \frac{1}{5}T_s^5\right) d\Omega - \int_{\Omega_2} T_s q_{\Omega_2} d\Omega \qquad (3-9)$$

式中:h 为对流换热系数;ε 为物体表面黑度;ω 为形状因子;σ 为斯忒藩-玻尔兹曼常数;T_e 为对流传热的温度贡献;T_s 为传导传热的温度贡献;T_r 为辐射传热的温度贡献;q_{Ω_2} 为热传导的热量。

假设单元节点号为 1、2、…、p,节点温度为 T_1、T_2、…、T_p,则单元内任意一点的温度可表示为

$$T_e(x,y,z) = [N]\{T\}^e \qquad (3-10)$$

式中:温度插值函数 $[N] = \{N_1, N_2, \cdots, N_p\}$,是坐标 (x,y,z) 的函数;$\{T\}^e =$

$[T_1, T_2, \cdots, T_p]^{\mathrm{T}}$ 为节点温度矩阵。

将式(3-10)代入式(3-9),求解 $\dfrac{\partial J}{\partial \{T\}^e} = 0$ 可得到温度场分布。则整体温度场的有限元方程为

$$([K_1] + [K_2])\{T\} + [K_3]\{\dot{T}\} = \{\varPhi\} \tag{3-11}$$

式中:$[K_1]$、$[K_2]$、$[K_3]$ 分别表示导热、对流和热容对温度场的贡献;$\{\varPhi\}$ 为热流率向量。

特别地,对于定常温度场,有限元方程为

$$([K_1] + [K_2])\{T\} = \{\varPhi\} \tag{3-12}$$

2. 热网络法

对于定常温度场,工程上常采用根据热量的传递方式,建立热阻网络的方法来求解热问题。热阻是热量在热流路径上所遇到的阻力,热阻越小,散热通道越通畅,越有利于散热。热阻可以分为内热阻、外热阻、接触热阻、安装热阻等。内热阻是指元器件内部发热部位与表面某部位之间的热阻,如半导体器件的有源区与外壳之间的热阻;外热阻是指元器件表面与最终散热器之间的热阻,如半导体外壳与周围环境之间的热阻;接触热阻是指两种物体接触处的热阻;安装热阻是指元器件与安装表面之间的热阻,又叫界面热阻。热阻的串联、并联或混联形成的热流路径图,称为热阻网络。

对于非定常温度场的求解,需要引入热容的概念,通过热容可以表示温度随时间的变化关系。《热学的量和单位》(GB 3102.4—93)中对热容的标准定义是:"当一个系统由于加给一个微小的热量 dQ 而温度升高 dT 时,dQ/dT 即是该系统的热容。"热阻和热容连接的热网络模型可以描述非定常温度场热量和温度随时间的变化。

构建热网络模型的步骤如图 3-1 所示。

热网络模型将研究对象的实际物理模型划分成若干单元,每个单元具有均匀热流和温度。单元的质心视为热网络的节点,用节点的热性能代表整个单元的平均热性能。单元之间的换热关系用节点之间的传导、对流和辐射热阻及热容来表示,由此形成的电阻电容网络即为此研究对象的热网络图。以晶体管为例建立热网络模型,如图 3-2 所示。

晶体管非定常温度的函数方程为

$$T(x,y,z,t) = (Z_{\mathrm{jc}}(t) + Z_{\mathrm{ch}}(t) + Z_{\mathrm{ha}}(t))P_{\mathrm{power}}(x,y,z,t) + T_{\mathrm{A}}(t) + T_{\mathrm{co}}(x,y,z,t) \tag{3-13}$$

$$Z_{\mathrm{jc}}(t) = \sum_{i=1}^{n} R_{T_i} \cdot (1 - \mathrm{e}^{\frac{-t}{R_{T_i} C_{T_i}}}) \tag{3-14}$$

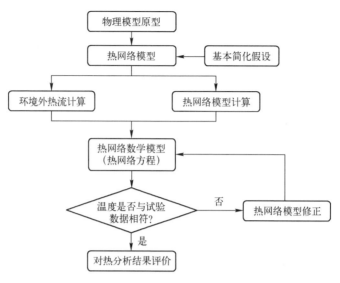

图 3-1   热网络建模步骤

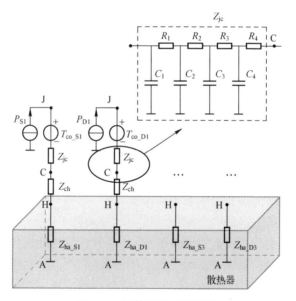

图 3-2   晶体管热网络模型

$$Z_{ch}(t) = \sum_{i=1}^{m} R_{T_i} \cdot (1 - e^{\frac{-t}{R_{T_i} C_{T_i}}}) \qquad (3-15)$$

式中：$T(x,y,z,t)$ 为三维空间中 (x,y,z) 处 t 时刻的温度值；Z_{jc} 为结壳热阻抗；Z_{ch} 为壳黏热阻抗；Z_{ha} 为散热器热阻抗；R_{T_i} 为热阻；C_{T_i} 为热容；T_{co} 为其他热源在 (x,y,z)

的耦合温度值;T_A 为热环境温度值;$P_{\text{power}}(x,y,z,t)$ 为三维空间中 (x,y,z) 处 t 时刻的热耗。

晶体管定常温度的函数方程为

$$T(x,y,z) = (R_{\text{jc}} + R_{\text{ch}} + R_{\text{ha}})P(x,y,z) + T_A + T_{\text{co}}(x,y,z) \qquad (3\text{-}16)$$

热网络模型的传热过程与电路网络模型的导电过程相似,其对应关系如表 3-3 所列。

表 3-3　热网络模型与电路网络模型对应关系

对比参数	热网络模型	电路网络模型
电动势/温度	E	T
电流/热流	I	q
电容/热容	C	C_T
电阻/热阻	R	R_T

由基尔霍夫电流定律和欧姆定律建立节点热平衡方程为[4]

$$(mc)_i \frac{\mathrm{d}T_i}{\mathrm{d}t} = \sum_j D_{ij}(T_j - T_i) + \sum_j G_{ij}(T_j^4 - T_i^4) + \sum_j H_{ij}(T_j - T) + q_i$$

$$(3\text{-}17)$$

式中:D_{ij} 为节点间传导网络系数;G_{ij} 为节点间辐射换热网络系数;H_{ij} 为节点间对流换热网络系数;q_i 为节点总热源,包括节点的内热源与外热流。

同理,其他电学规律在热网络模型中仍然适用,如图 3-2 中结壳热阻抗可表示为热阻与热容的函数关系,即

$$Z_{\text{jc}}(t) = \sum_{i=1}^n R_{T_i} \cdot \left(1 - \mathrm{e}^{\frac{-t}{R_{T_i} C_{T_i}}} \right) \qquad (3\text{-}18)$$

多节点之间并联传热的热网络总热阻为

$$\frac{1}{R_{T\Sigma}} = \sum_i \frac{1}{R_{T_i}} \qquad (3\text{-}19)$$

多节点之间串联传热的热网络总热阻为

$$R_{T\Sigma} = \sum_i R_{T_i} \qquad (3\text{-}20)$$

3.1.4　热-机械应力分析方法

温度改变时,物体由于外在约束以及内部各部分之间的相互约束,不能完全自由胀缩而产生应力,因此热应力又称变温应力。热应力产生的必要条件是有温度变化和约束,如果热变形是自由的则不会产生热应力,如果没有膨胀倾向也不会产

生热应力。由材料力学的知识可知,大多数材料在其所受应力小于其屈服极限时,表现为弹性体,并且在应力低于比例极限时,其应力与应变是线性关系。

当温度变化时,弹性体的应变可以表示为[4]

$$\begin{cases} \sigma_x = 2G\varepsilon_x + \lambda'\theta - \dfrac{\alpha E \cdot \Delta T}{1-2\mu} \\[2mm] \sigma_y = 2G\varepsilon_y + \lambda'\theta - \dfrac{\alpha E \cdot \Delta T}{1-2\mu} \\[2mm] \sigma_z = 2G\varepsilon_z + \lambda'\theta - \dfrac{\alpha E \cdot \Delta T}{1-2\mu} \end{cases} \qquad (3-21)$$

式中:$\theta = \varepsilon_x + \varepsilon_y + \varepsilon_z$;$\lambda' = \dfrac{\mu E}{(1+\mu)(1-2\mu)}$;$G = \dfrac{E}{2(1+\mu)}$。

根据力学平衡方程,可知

$$\begin{cases} \dfrac{\partial \sigma_x}{\partial x} + \dfrac{\partial \tau_{xy}}{\partial y} + \dfrac{\partial \tau_{xz}}{\partial z} = 0 \\[2mm] \dfrac{\partial \sigma_y}{\partial y} + \dfrac{\partial \tau_{xy}}{\partial x} + \dfrac{\partial \tau_{yz}}{\partial z} = 0 \\[2mm] \dfrac{\partial \sigma_z}{\partial z} + \dfrac{\partial \tau_{xz}}{\partial x} + \dfrac{\partial \tau_{yz}}{\partial y} = 0 \end{cases} \qquad (3-22)$$

由此能够得到热应力的平衡方程。但是对于复杂结构和系统,直接通过力平衡方程获得热应力很困难。面对复杂的系统,有限元法在求解热应力上的优势就显现出来。

单元变温等效节点载荷 $\{F\}^e$ 由下式给出:

$$\{F\}^e = \iint \boldsymbol{B}^{\mathrm{T}} \boldsymbol{D} \alpha_T \Delta T \mathrm{d}x \mathrm{d}y \qquad (3-23)$$

式中:$\boldsymbol{B}$ 为应变矩阵;$\boldsymbol{D}$ 为平面弹性矩阵;α_T 为线膨胀系数。

通过求解温度场分布,然后代入式(3-23)即可得到热应力分布。温度场的求解和热应力的求解紧密相关,所以很多有限元商用软件都能同时求解温度分布和热应力分布。

3.2 热环境确信可靠性分析

3.2.1 分析流程

电子产品热环境确信可靠性分析的理论基础是可靠性科学原理。分析热环境下电子产品的确信可靠性就需要对电子产品的热性能进行分析。电子产品热环境确信可靠性分析的流程如图 3-3 所示。

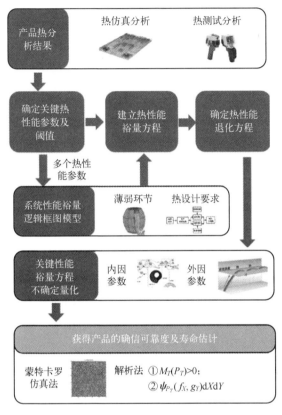

图 3-3 电子产品热环境确信可靠性分析的流程

首先使用仿真工具或者热测试仪器对电子产品进行热分析,获得产品的温度响应云图,帮助分析产品的关键热性能参数。接着按照确信可靠性分析的一般流程,确定关键热性能参数阈值,建立热性能裕量方程及退化方程,分析和量化热性能裕量方程的不确定性。

对于单一的关键热性能参数,可以通过不确定性的量化获得产品的确信可靠性。复杂电子产品一般具有多个关键热性能参数,需要依靠建立性能裕量的逻辑框图模型得到系统综合热性能裕量,最终使用蒙特卡罗仿真方法或解析法获得产品可靠性及寿命。下面将详细介绍各个步骤的具体方法。

3.2.2 关键热性能参数及阈值

电子产品热设计的目的是提高电子产品的热性能,确保电子产品的热响应或耐热性满足使用要求。因此电子产品的热性能是指产品的热特性及热力学要求。

在 GB/T 14278 中,热特性是指产品或元器件的温度、压力、流量(或流速)分布随热环境及功耗而变化的特性。针对热特性,相关的热性能参数主要包括产品的热应力响应分布、产品的温度响应分布、热流方向及大小等。分析得到的热流方向及其大小对于产品的热设计是非常重要的。例如,通过热流方向可以分析冷却系统设计的合理性;通过热流大小可以分析冷却系统的冷却效果。针对热力学要求,相关的热性能参数主要包括产品的抗温度冲击极限、启动最低温度等。这些热性能参数的一个重要特点就是与产品本身的性质和环境条件有关,并且部分热性能参数也随时间变化。

热性能参数的统一表达为 $L_T(X,Y,t)$,其中,X 表示产品的内因参数;Y 表示产品外界环境温度条件;t 表示时间。根据热性能参数的不同种类,具有不同的表达形式,热特性参数一般受到产品自身的发热功率、散热能力以及外界环境影响,是衡量产品温度以及与温度直接相关的性能指标,如温度变化值、稳态温度、热应力等。

热力学要求参数仅与产品自身热学特性有关,是衡量产品的热力学能力的性能指标。针对不同使用环境的电子产品,对于热力学能力有不同要求。如设计在南极使用的电子计算机需要保证在低温-40℃时仍可以正常启动,即对电子计算机的最低启动温度具有设计要求。此类参数不受环境应力的影响,是产品自身的属性。部分典型热性能参数如表 3-4 所列。

表 3-4 部分典型热性能参数

热特性		热力学要求	
温度分布	$T(X,Y,t)$	启动最高(低)温度	$T_{start}(X,t)$
热应力响应	$F(X,Y,t)$	温度冲击耐受极限	$T_{shock}(X,t)$
器件温升	$\Delta T(X,Y,t)$	高(低)温耐受极限	$T_{resist}(X,t)$

复杂的电子产品往往是由成百上千的元器件组成的,也就会对应拥有大量的元器件热性能参数。为了在减少分析工作量的同时保证分析结果的可信性,需要从大量的元器件热性能参数中选择出关键热性能参数进行分析。选择关键热性能参数的原则如下。

(1)温度敏感元器件或组件的热性能参数属于关键热性能参数。

(2)温度高、发热功率大的元器件或组件的热性能参数属于关键热性能参数。

(3)高温热源附近的元器件或组件的热性能参数可选为关键热性能参数。

(4)产品热设计标准明确表明的关键设计要求所包含的热性能参数。

(5)FTA、FMECA 和 FMMEA 分析结果中的热薄弱环节,或故障数据记录中显示的薄弱环节中的热性能参数,应被选为关键热性能参数。

可靠性科学原理提出,产品的性能裕量决定着产品的可靠程度。热性能作为产品的一种性能,一定也具有相应的裕量。而获取热性能参数阈值是获得产品热性能裕量的一个重要环节。根据式(1-3),热性能参数阈值和热性能参数值共同表征了产品的热性能裕量,区别在于,热性能参数值是由产品本身的热环境下的响应决定的,而热性能参数阈值是由产品的设计目标决定的。因此,在热性能设计目标明确的情况下,可以由设计人员和可靠性工程师提出热性能参数阈值。

电子元器件生产商为保证产品的电性能输出正常,对其产品往往规定了最高许用温度。元器件的温度超过最高许用温度时,认为电子元器件故障。元器件手册上标注的最高许用温度可以作为热性能参数中温度的阈值。对于按照元器件热设计准则进行降额设计的器件,可以将降额设计的许用温度作为稳态温度的性能阈值,在无特殊要求的情况下,就按照相关的行业标准来决定,如汽车电子行业《汽车电子产品环境试验标准及项目》(AEC-Q-100)等。军工领域的要求一般是最严格的,军工领域的要求通常按照《元器件降额准则》(GJB/Z 35—1993)来确定元器件的最高许用温度并作为热性能参数中温度的阈值。

综上所述,可以从以下角度提出热性能参数阈值。

(1)产品自身设计角度:为实现正常功能所要求的热性能参数阈值。

(2)其他组件的角度:为不影响其他组件所必须保证的热性能参数阈值。

(3)使用安全角度:为保证产品用户的使用安全提出的热性能参数阈值。

(4)元器件要求:元器件手册提供的热性能参数阈值,如最高许用温度。

(5)行业标准/国家标准要求:产品的行业标准或国家标准提出的要求。

最终的热性能参数阈值需要通过以上获得的阈值判断,通过所有条件的交集确定热性能参数的范围,最终确定热性能参数的阈值。

下面以电视机机顶盒为例,说明热性能参数阈值确定的过程。

电视机机顶盒是一个连接电视机与外部信号源的设备,其连接图如图 3-4 所示。它可以将压缩的数字信号转成电视内容,并在电视机上显示出来。在电视机机顶盒进行设计时为保证机顶盒内部元器件正常工作和工作的稳定性,设计要求给出内部各位置处温度不高于 T_{th1}。考虑电视机机顶盒的使用对其他组件造成的影响,因为机顶盒放置在电视机附近,所以机顶盒外壳的局部温度如果高于 50℃ 将对电视机造成影响,由此确定机顶盒的温度不高于 T_{th2}。考虑用户使用的安全性,机顶盒温度不能过高以免用户使用时烫伤,由此确定机顶盒的温度不高于 T_{th3}。要求所有元器件位置处的温度不高于该元器件手册给出的最高许用温度,由此确定机顶盒的温度阈值为 T_{th4}。行业标准中要求机顶盒内部温度不高于 T_{th5}。为保证以上要求都能得到满足,则最终确定的电视机机顶盒的温度阈值 $T_{th} = \min\{T_{th1}, T_{th2}, T_{th3}, T_{th4}, T_{th5}\}$。

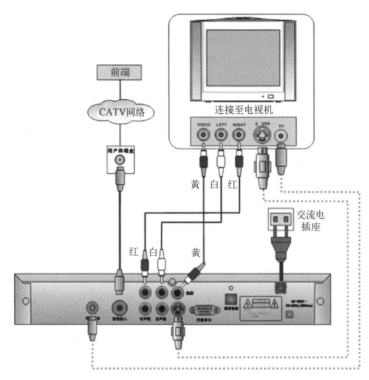

图 3-4　电视机机顶盒连接图

3.2.3　热性能裕量方程

热分析和热–机械应力分析方法提供了产品热性能与材料、元器件、设计等因素的相关关系,这种相关关系描述的是产品工作或热学响应的物理学本质。而热性能裕量方程提供的是产品热性能裕量及其影响因素之间的关系,描述的是产品热环境下故障的本质,通过度量热性能裕量大于 0 的可能性,可以得到产品使用过程中的热性能可靠度指标。因此,热环境下确信可靠性分析的关键步骤是建立热性能裕量方程。热性能裕量方程建模过程就是确定性能参数 L_T、性能参数阈值 $L_{T,\mathrm{th}}$ 及裕量函数的过程。

建立单一热性能裕量方程的具体步骤如图 3-5 所示。首先需要选取关键热性能参数为研究对象,根据所选参数类型的不同使用不同的热性能模型;其次确定热性能参数阈值,确定热性能参数阈值可以由设计人员给出,也可以根据可靠性设计要求给出;再次判断热性能参数的望大、望小和望目特性;最后建立热性能方程。具体流程如下。

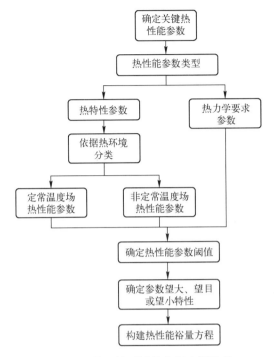

图 3-5   热环境下裕量方程建模流程

对于定常温度场温度 $T(x,y,z)$,产品温度阈值为 T_{th} 的裕量方程可表示为

$$M_T = \begin{cases} \dfrac{T(x,y,z)-T_{th}}{T_{th}} & (T \text{ 为 LTB}) \\[2mm] \dfrac{T_{th}-T(x,y,z)}{T_{th}} & (T \text{ 为 STB}) \\[2mm] \min\left(\dfrac{T(x,y,z)-T_{th,L}}{T_{th,L}}, \dfrac{T_{th,U}-T(x,y,z)}{T_{th,U}}\right) & (T \text{ 为 NTB}) \end{cases} \tag{3-24}$$

对于非定常温度场温度 $T(x,y,z,t)$,产品温度阈值为 $T_{th}(t)$ 的裕量方程可表示为

$$M_T(t) = \begin{cases} \dfrac{T(x,y,z,t)-T_{th}(t)}{T_{th}(t)} & (T \text{ 为 LTB}) \\[2mm] \dfrac{T_{th}(t)-T(x,y,z,t)}{T_{th}(t)} & (T \text{ 为 STB}) \\[2mm] \min\left(\dfrac{T(x,y,z,t)-T_{th,L}(t)}{T_{th,L}(t)}, \dfrac{T_{th,U}-T(x,y,z,t)}{T_{th,U}(t)}\right) & (T \text{ 为 NTB}) \end{cases} \tag{3-25}$$

值得注意的是,式(3-25)中的时间 t 是由非定常温度场引入的,表示不同时刻温度场分布是不同的。需要注意区分公式引入时间 t 的物理意义。

3.2.4 系统性能裕量的逻辑框图模型

复杂电子产品经过分析后,往往具有多个关键热性能的裕量方程并且不易取舍。本章给出一种将多个关键热性能裕量等效转化为一个系统性能裕量的方法。因为性能裕量确定了系统的可靠度,因此等效转化前后的性能裕量对系统可靠度的影响相同。下面介绍两种基本等效转化模型。

两个关键热性能裕量的逻辑"与"模型如图 3-6 所示,表达当且仅当两个关键性能裕量都大于 0 时,系统可靠。

图 3-6　两个关键性能裕量的逻辑"与"模型

此时,等效转化后的系统性能裕量为

$$M_T = \min\{M_{T1}, M_{T2}\} \tag{3-26}$$

两个关键性能裕量的逻辑"或"模型如图 3-7 所示,表达只要有一个关键性能裕量大于 0 则系统可靠。

图 3-7　两个关键性能裕量的逻辑"或"模型

此时,等效转化后的系统性能裕量为

$$M_T = \max\{M_{T1}, M_{T2}\} \tag{3-27}$$

大部分复杂的性能裕量逻辑关系均可拆解为基本模型,如图 3-8 所示。

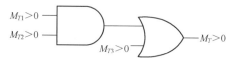

图 3-8　复杂的性能裕量逻辑关系举例

等效转化后的系统性能裕量为

$$M_T = \max\{\min\{M_{T1}, M_{T2}\}, M_{T3}\} \tag{3-28}$$

3.2.5　热性能退化方程

传统的电子产品稳态热分析最重要的分析目标是产品中各点的温度值(或温度分布)。由各点温度值的大小可以确定产品中的高温器件或位置,进而分析由于高温引起的各类故障,如芯片烧毁、热载流子效应。

除了稳态环境温度会影响电子产品的可靠性外,器件的功率循环同样也可以导致器件中退化类的故障,如由于工作温度变化导致的热疲劳现象。当弹性体的温度发生变化时,其体积将趋于膨胀和收缩,若外部的约束或内部的变形协调要求而使膨胀收缩不能自由发生时,结构中就会出现附加应力,这种由于温度变化引起的应力称为热应力或温度应力。热应力的反复出现会造成疲劳损伤。热疲劳现象主要出现在电子产品中的金属部位,如器件引脚和焊点处、芯片引线处等部位。由于疲劳现象主要与热应力的产生有关,并且是通过损伤累加的方式导致最终的故障,因此减少元器件内部相连材料之间热膨胀系数的差别,可以减少热应力对元器件性能与可靠性的影响。

以上的故障机理会造成热性能的退化,评价长时间工作的电子产品热性能可靠度必须考虑退化的影响。考虑退化的热性能参数可以表示为 $\mathcal{F}(L_T, \vec{t})$, $\vec{t}$ 是退化的时间矢,表示热性能参数随时间的退化关系;L_T 表示热性能参数。

热性能的退化主要发生在导热、对流效果上,导热、对流效果可以使用热阻表示,设热阻随时间的退化关系为 $R_T(\vec{t})$,则考虑退化的热阻抗表示为

$$\mathcal{F}_z(Z(t), \vec{t}) = R_T(\vec{t}) \cdot (1 - e^{\frac{-t}{R_T(\vec{t})C_T}}) \tag{3-29}$$

以晶体管温度的函数方程为例,定常温度场退化方程可以表示为

$$\mathcal{F}_T(T_c, \vec{t}) = [R_{jc}(\vec{t}) + [R_{ch}(\vec{t}) + [R_{ha}(\vec{t})]P(x,y,z) + T_A + T_{co}(x,y,z) \tag{3-30}$$

则非定常温度场退化方程可以表示为

$$\mathcal{F}_T(T_u, \vec{t}) = [\mathcal{F}_z(Z_{jc}, \vec{t}) + \mathcal{F}_z(Z_{ch}, \vec{t}) + \mathcal{F}_z(Z_{ha}, \vec{t})]P(x,y,z,t)$$
$$+ T_A(t) + T_{co}(x,y,z,t) \tag{3-31}$$

3.2.6　不确定性分析与量化

不确定性主要包括随机不确定性和认知不确定性。随机不确定性普遍存在于产品中并且难以消除,可由产品的分散性、加工过程的误差等因素造成。设计人员或可靠性工程师虽然是产品专家,但是对产品的每个参数的认知仍具有不确定性。所以,在建立热性能裕量方程的过程中一定会引入不确定性,度量这种不确定性是可靠性分析工作的关键环节。

性能裕量方程含有的不确定性按照受不确定性影响的对象分为参数不确定性

和模型不确定性[5]。参数不确定性主要是由物理参数的分散性导致的,还有一部分是由于人们对于物理参数分散性认知不确定导致的。模型不确定性只与建模者的认知水平或者能力有关。热性能裕量方程主要的不确定性来源有元器件的结构参数分散性、热源发热功率的分散性、材料热参数的分散性、电路加工引入的加工误差、对使用环境温度认知的不确定性以及分析方法上的不确定性等。

以晶体管的定常温度场的热性能裕量方程式(3-24)和热分析热网络法为例,T_{th}往往不具有不确定性,特殊情况下含有参数不确定性,如由于元器件的分散性导致的最高许用温度具有不确定性。$T(x,y,z)$同时具有模型不确定性和参数不确定性,其中模型不确定性来源于热网络建模的认知不确定性,包含热网络模型与实际热响应之间的误差以及热网络模型结构的不确定性。导致参数不确定性的主要原因有以下几个。

(1)热阻$Z_{jc}(t)$、$Z_{ch}(t)$、$Z_{ha}(t)$:对于同一批次的产品,由于材料的杂质和不均匀导致热阻具有分散性,加工误差也引入热阻的分散性。

(2)热耗$P_{power}(x,y,z,t)$:由于元器件输入功率的波动性导致的不确定性。

(3)使用环境温度T_A:使用环境温度的波动性导致的不确定性。

(4)其他热源的耦合热影响$T_{co}(x,y,z)$:其他热源的波动性导致的不确定性。

对于一个批次产品来说,由于退化和不确定性的影响,其热性能裕量不是固定不变的,这种不固定反映的就是产品的可靠度。为了量化产品的可靠度,必须要量化上述各类不确定性。

在工程实际存在大量统计数据时,量化不确定性通常使用概率测度,产品的热环境确信可靠度可以表示为

$$R_B = \Pr\{M_T > 0\} \tag{3-32}$$

对于热性能参数$L_T(X,Y,t)$的内因参数$X=(x_1,x_2,\cdots,x_n)$,通过引入变量取值的概率密度函数来描述不确定性,即$f(x_i \mid \theta_i)(i=1,2,\cdots,n)$,其中$\theta_i$为概率密度函数分布参数。同理,对外因参数$Y$,使用概率密度函数$g(y_i \mid \delta_i)$来描述不确定性。在实际中,分布参数$\theta_i$和$\delta_i$通过参数估计得到,没有足够数据对其进行准确估计时,他们的估计值也具有很大的认知不确定性,本书暂时不对这部分内容进行讨论。

3.2.5小节给出了等效转化后的系统性能裕量表达,根据概率论的相关知识可以获得,在独立假设下,产品的热环境确信可靠度还可以表示为

$$R_B = \begin{cases} \prod_{i=1}^{n} \Pr\{M_{Ti} > 0\} & (M_T = \min\{M_{Ti}\}) \\ 1 - \prod_{i=1}^{n}(1 - \Pr\{M_{Ti} > 0\}) & (M_T = \min\{M_{Ti}\}) \end{cases} \tag{3-33}$$

3.2.7 确信可靠性计算

1. 解析法

为了获得产品热环境下的确信可靠性评估结果,需要解式(3-32)。而解析法仅适用于计算量较小,且产品组成不复杂的情况。

内因参数 X 的联合概率密度函数可以表示为 f_X,外因参数 Y 的联合概率密度函数表示为 g_Y,则 $M_T(L_T)$ 的概率密度函数可以表示为 $\psi_{L_T}(f_X, g_Y)$。以下使用望小特性的热性能参数进行举例。

$$R_B = 1 - F_M(0) \tag{3-34}$$

式中:$F_M(z)$ 表示元器件热性能裕量的分布函数,$F_M(z) = \Pr\{M_T \leq z\}$。

若 $L_{T,\text{th}}$ 为常数,则有

$$F_M(z) = \Psi(z) = \iint_{M_T(L_T) < z} \psi_{L_T}(f_X, g_Y) \, dX dY \tag{3-35}$$

若 $L_{T,\text{th}}$ 为随机变量,则有

$$M_T = \frac{L_{T,\text{th}} - L_T}{L_{T,\text{th}}} = 1 - \frac{L_T}{L_{T,\text{th}}} \tag{3-36}$$

$$F_M(z) = 1 - \Pr\left\{\frac{L_T}{L_{T,\text{th}}} \leq 1 - z\right\}$$

$$= 1 - \int_0^{1-z} \int_0^{+\infty} x f_{\text{th}}(x) \Psi'(xu) \, dx du \tag{3-37}$$

式中:f_{th} 表示性能阈值 $L_{T,\text{th}}$ 的概率密度分布函数。

2. 蒙特卡罗仿真法

在工程实际中,要求解式(3-32)是十分复杂的,在这种情况下,往往需要借助蒙特卡罗方法。随着有限元仿真软件的发展,越来越多的软件支持"参数扫描"的仿真设置,甚至是蒙特卡罗仿真设置。通过对具有不确定性的输入参数随机抽样,形成不同输入参数组合的仿真样本,通过统计最终性能裕量的频率直方图,可以直接获得产品的确信可靠度,具体的蒙特卡罗仿真模拟的步骤如图3-9所示。

在具有蒙特卡罗仿真设置的热有限元分析软件中,仅需要对最后的仿真结果进行直方图统计,其余的步骤可以通过设置让软件自动执行。不具有蒙特卡罗仿真能力的软件需要依据步骤手动执行。

面对复杂的仿真模型可以使用云计算资源提高仿真效率。当仿真软件无法进行复杂模型的蒙特卡罗仿真设置时,或某些参数无法设置抽样,可以使用代理模型的方式,使用多次仿真结果建立代理函数的方式进行可靠性分析,或者依据传统学科的理论推导得到产品的热性能参数表达式,进行不确定性度量和可靠性分析。

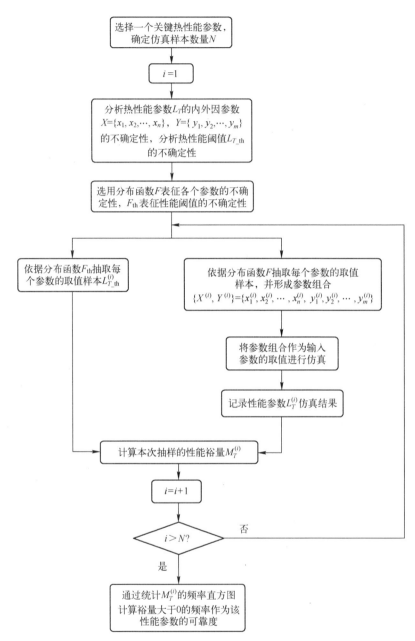

图 3-9 蒙特卡罗仿真方法步骤

3.3　案例分析

3.3.1　定常温度场下单板计算机温度的确信可靠性评估

1. 确定关键热性能参数

选用某单板计算机作为本案例研究对象,单板计算机定常温度场下的热仿真分析结果如图 3-10 所示。

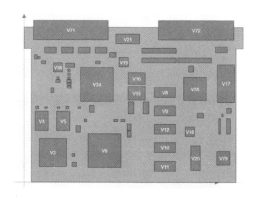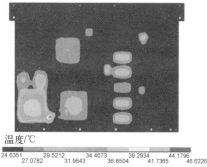

图 3-10　单板计算机热仿真分析结果(彩图见书末)

从温度仿真云图上可以发现,V2、V4~V6、V9~V12、V24 的温度较高,属于温度集中的元器件。进一步对照发现,其中 V2、V6、V24 为芯片,属于热敏感元器件,其热性能参数需要被选为关键热性能参数。由于 V5 距离热源较近,可将其热性能参数选择为关键热性能参数。

在定常温度场下,单板计算机正常工作时,影响其可靠度的主要因素是温度分布。因此,本案例需要考虑的热性能参数是单板计算机各个元器件位置处的温度分布。

综上,本案例选择的关键热性能参数为 V2、V5、V6、V24 位置处的温度,即 T_{V2}、T_{V5}、T_{V6}、T_{V24}。

2. 确定热性能参数阈值

单板计算机的定常温度场下正常工作的元器件温度阈值要求可以采用 3.2.2 小节方法获取。

分析确定 V2、V5、V6、V24 为热环境敏感器件,通过查取元器件手册得到这几个元器件的最高许用温度分别为 $T_{th,V2} = 378K$、$T_{th,V5} = 363K$、$T_{th,V6} = 398K$、$T_{th,V24} = 398K$。为不影响其他电路工作和保证人员的使用安全,单板计算机正常工作和非

工作状态的温升 $\Delta T_{pc} \leq 70K$，外界稳态环境温度 $T_{环境} = 300K$，因此由保证其他电路正常工作和使用人员安全的要求提出的单板计算机温度 $T_{th,0} = 370K$。由此确定 4 个元器件位置处的温度阈值分别为 $T_{th,0}^{V2} = 370K$、$T_{th,0}^{V5} = 363K$、$T_{th,0}^{V6} = 370K$、$T_{th,0}^{V24} = 370K$。

3. 建立热性能裕量方程

本案例最终确定的关键热性能参数有 4 个，因此需要首先建立系统性能裕量的逻辑框图模型获得产品的热性能裕量方程。

为保证正常工作，关键热性能参数 T_{V2}、T_{V5}、T_{V6}、T_{V24} 都需要保证有裕量。建立的系统性能裕量的逻辑框图模型如图 3-11 所示。

图 3-11 系统性能裕量的逻辑框图模型

并且本案例中元器件温度为望小特性参数，定常温度场下的温度裕量方程为

$$M_T = \min_{i \in \{V2, V5, V6, V24\}} \left\{ \frac{T_{th,i} - T_i}{T_{th,i}} \right\} \tag{3-38}$$

4. 定常温度场下不确定性分析及量化

这里考虑单板计算机的定常温度场下温度裕量方程的不确定性，外界环境温度由于季节和天气的差异具有不确定性，因此对产品实际使用环境稳态温度 $T_{环境}$ 的估计服从正态分布 $T_{环境} \sim N(300K, 30^2)$。

考虑产品的分散性，单板计算机上选用的元器件最高许用温度都具有不确定性，假设其服从正态分布 $T_{th,i} \sim N(T_{th,i}, 20^2)$。而由保证其他电路正常工作和使用人员安全要求提出的温度阈值不具有不确定性。

5. 定常温度场下温度确信可靠性分析

本案例使用蒙特卡罗仿真法进行确信可靠性评估。通过建立产品的有限元仿真模型，经过稳态热分析获得在一定范围环境温度下元器件位置处的温度，进而表示元器件位置处的定常温度场下的热性能。

根据蒙特卡罗仿真抽样抽取环境稳态温度的取值 1000 例，部分仿真样本环境温度为 298K、303K、313K、323K、333K、343K 的仿真结果如图 3-12 所示。图 3-13 所示为部分元器件温度裕量的直方图。

根据式(3-33),单板计算机系统的温度裕量的可靠度可以表示为

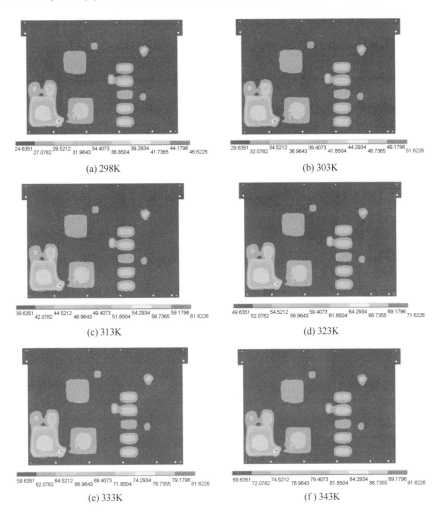

(a) 298K

(b) 303K

(c) 313K

(d) 323K

(e) 333K

(f) 343K

图 3-12　各稳态温度下的单板计算机热分析有限元仿真结果(彩图见书末)

$$R_B = \Pr\{M_T > 0\}$$
$$= \Pr\{M_{T,V2} > 0\} \cdot \Pr\{M_{T,V5} > 0\} \cdot \Pr\{M_{T,V6} > 0\} \cdot \Pr\{M_{T,V24} > 0\}$$

$$(3-39)$$

通过直方图可得到单板计算机的热性能确信可靠度为 $R_{B,T} = 0.90538$。

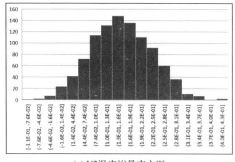
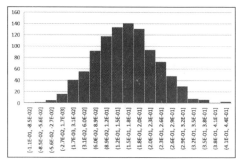

(a) V2温度裕量直方图

(b) V5温度裕量直方图

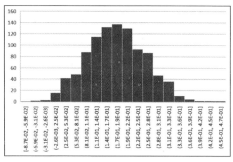
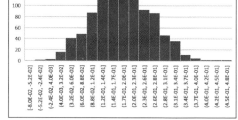

(c) V6温度裕量直方图

(d) V24温度裕量直方图

图 3-13　元器件温度裕量直方图

3.3.2　非定常温度场下单板计算机温度的确信可靠性评估

1. 确定关键热性能参数

航空航天领域单板计算机的工作环境温度一般不是固定不变的,往往是根据任务剖面而变化。如图 3-14 所示,给出某一飞行器上单板计算机的工作环境温度随时间的变化关系。

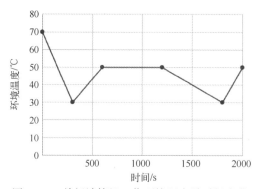

图 3-14　单板计算机工作环境温度随时间变化

同时,单板计算机在 0~30s 内逐步启动,30~1800s 内全功率工作,1800~2000s 内逐步停止。单板计算机上主要发热元器件的全功率工作情况下的额定发热功率 P_{RH},如图 3-15 所示。

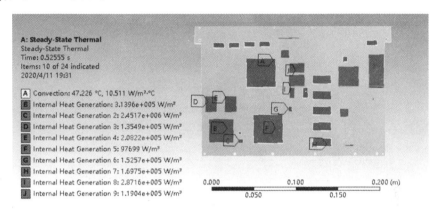

图 3-15　部分元器件的发热功率(彩图见书末)

对单板计算机的非定常温度场下的温度分布进行仿真,结果如图 3-16 所示。

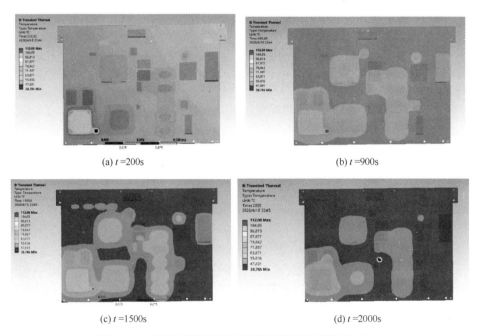

(a) t =200s　　　　　　　　(b) t =900s

(c) t =1500s　　　　　　　(d) t =2000s

图 3-16　单板计算机不同时刻的温度云图(彩图见书末)

从结果中可以发现,与定常温度场下的关键热性能参数相同,单板计算机在非定常温度场下的关键热性能参数为元器件 V2、V5、V6、V24 的温度分布 T_{V2}、T_{V5}、T_{V6}、T_{V24}。

2. 确定热性能参数阈值

根据元器件的最高许用温度和使用要求,提出的非定常温度场下的温度阈值如图 3-17 所示。其中元器件 V6 和 V24 的最高许用温度相同,在图中显示重合。

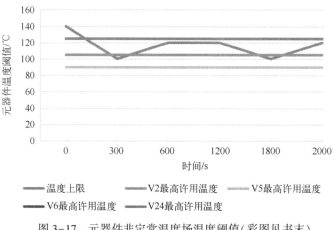

图 3-17　元器件非定常温度场温度阈值(彩图见书末)

3. 建立热性能裕量方程

采集得到单板计算机元器件中心平均温度如图 3-18 所示。

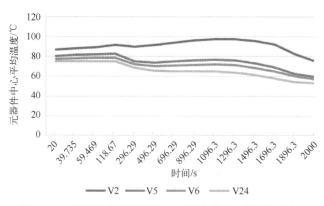

图 3-18　单板计算机元器件中心平均温度(彩图见书末)

从图 3-18 中发现,元器件位置处的温度也是随着时间而变化的,本案例中元器件的温度同样为望小特性参数,满足在变温过程中仍低于故障温度阈值。根据本章 3.3.1 小节中系统性能裕量的逻辑框图模型(图 3-11)可知,非定常温度场下

的单板计算机温度裕量方程为

$$M_T = \min_{i \in \{V2,V5,V6,V24\}} \left\{ \inf_{t \in [0,2000s]} \left\{ \frac{T_{th,i}(t) - T_i(t)}{T_{th,i}(t)} \right\} \right\} \qquad (3-40)$$

4. 非定常温度场下不确定分析及量化

考虑由于元器件的分散性导致的元器件的全功率工作时的额定发热功率具有不确定性,发热功率的不确定性导致各个元器件位置处的平均温度变化就具有一定的波动性。因此,假设额定发热功率 $P_{RH,i}$($i \in \{V2,V5,V6,V24\}$)服从正态分布,$P_{RH,V2} \sim N(5.974 \times 10^5, 0.3^2 \times 10^{10})$,$P_{RH,V5} \sim N(3.96 \times 10^5, 0.3^2 \times 10^{10})$,$P_{RH,V6} \sim N(1.86 \times 10^5, 0.3^2 \times 10^{10})$,$P_{RH,V24} \sim N(2.578 \times 10^5, 0.3^2 \times 10^{10})$。

5. 非定常温度场下温度确信可靠性分析

使用蒙特卡罗仿真方法进行确信可靠性分析,部分仿真结果如图 3-19 所示。

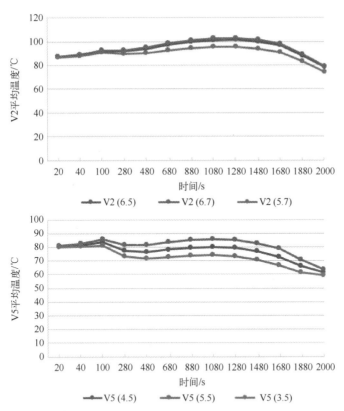

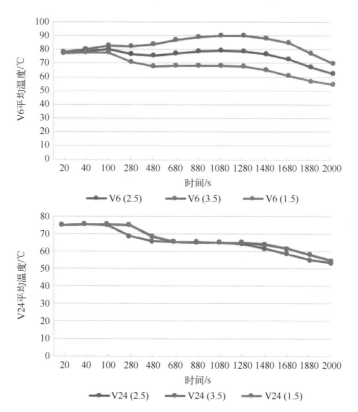

图 3-19   部分蒙特卡罗仿真样本中 V2、V5、V6、V24 平均温度变化曲线(彩图见书末)

通过统计 1000 例仿真中未超过温度阈值的仿真样本数,计算频率可得

$$R_B = \Pr\{M_{T,V2}>0\} \cdot \Pr\{M_{T,V5}>0\} \cdot \Pr\{M_{T,V6}>0\} \cdot \Pr\{M_{T,V24}>0\}$$
$$= 0.9338 \times 1 \times 0.9999 \times 1 = 0.9337 \tag{3-41}$$

3.3.3   单板计算机热应力性能的确信可靠性评估

1. 确定关键热性能参数

单板计算机温度升高时,由于不能自由热胀冷缩而产生热应力。热应力在单板计算机使用过程中应该小于许用应力,才能保证单板计算机不产生结构破坏。因此,也可以将热应力作为关键热性能参数进行确信可靠性分析。单板计算机的热应力仿真模型如图 3-20 所示。

根据单板计算机的安装方式,设置 PCB 板四角为固定约束。本案例考虑环境温度 343K 情况下,单板计算机从非工作状态启动的工作过程中热应力的变化。单板计算机从非工作状态启动,其温度分布逐渐增加,单板计算机内热应力逐渐增加。因此,判断在温度达到稳态温度时单板计算机的热应力达到最大值。仿真热应力的输入温度分布情况如图 3-21 所示。

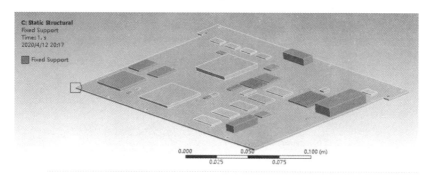

图 3-20　单板计算机的热应力仿真模型(彩图见书末)

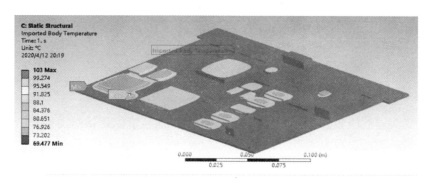

图 3-21　单板计算机热应力分析输入温度分布(彩图见书末)

单板计算机启动过程中的热应力变化及分析情况如图 3-22 所示。

根据仿真结果选择关键热性能参数,确定关键热性能参数为元器件 V2、V5、V6、V24 的热应力分别为 $\sigma_{T,V2}$、$\sigma_{T,V5}$、$\sigma_{T,V6}$、$\sigma_{T,V24}$。

2. 确定热性能参数阈值

根据元器件封装材料和设计需求,给出元器件 V2、V5、V6、V24 的许用应力为 $[\sigma_{V2}]=278\text{MPa}$、$[\sigma_{V5}]=[\sigma_{V6}]=[\sigma_{V24}]=117\text{MPa}$。

3. 建立热应力裕量方程

根据产品的复杂程度和温度分布的情况,可能热应力分布情况比案例中更加复杂。更具一般性,热应力裕量模型可以表示为

$$M_T = \inf_{(x,y,z)\in\Omega}\left\{\frac{[\sigma(x,y,z)]-\sup_t\{\sigma_T(x,y,z,t)\}}{[\sigma(x,y,z)]}\right\} \quad (3-42)$$

式中:Ω 为单板计算机三维模型构成的空间;$[\sigma(x,y,z)]$ 为 (x,y,z) 位置的许用应力;$\sigma_T(x,y,z,t)$ 为 t 时刻 (x,y,z) 位置处的等效热应力。

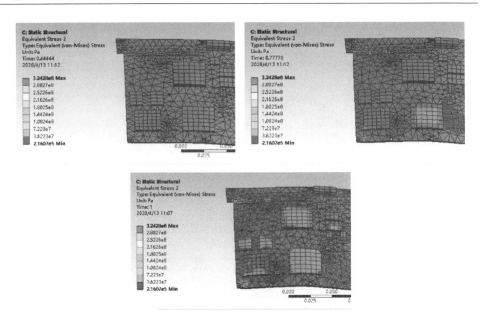

图 3-22　热应力变化及分析情况(彩图见书末)

考虑关键性能参数及 3.3.1 小节所建立的性能裕量的逻辑框图模型,则其热应力裕量模型可表示为

$$M_T = \min_{i \in \{V2, V5, V6, V24\}} \left\{ \frac{[\sigma_i] - \sup_t \{\sigma_{Ti}(t)\}}{[\sigma_i]} \right\} \tag{3-43}$$

4. 热应力裕量方程的不确定分析及量化

考虑元器件和材料参数的分散性,设许用应力为 $[\sigma_{V2}] \sim N(2.78 \times 10^8, 4 \times 10^{14})$、$[\sigma_{V5}] \sim N(1.6 \times 10^8, 9 \times 10^{14})$、$[\sigma_{V6}] \sim N(1.6 \times 10^8, 9 \times 10^{14})$、$[\sigma_{V24}] \sim N(1.6 \times 10^8, 9 \times 10^{14})$,元器件的额定发热功率为 $P_{RH,V2} \sim N(5.974 \times 10^5, 0.3^2 \times 10^{10})$、$P_{RH,V5} \sim N(3.96 \times 10^5, 0.3^2 \times 10^{10})$、$P_{RH,V6} \sim N(1.86 \times 10^5, 0.3^2 \times 10^{10})$、$P_{RH,V24} \sim N(2.578 \times 10^5, 0.3^2 \times 10^{10})$。环境温度的波动性可以表示为 $T_{环境} \sim N(343, 3^2)$。

5. 热应力确信可靠性分析

采用代理方程的方式进行确信可靠性分析。通过仿真分析数据的多元线性回归,得到 4 个元器件位置处的最大等效热应力与元器件热耗、环境温度之间关系的代理方程为

$$\sup_t \{\sigma_{T,V2}(t)\} = -1.41 \times 10^9 + 4.806 \times 10^6 T_{环境} + 20.43 P_{RH,V2} +$$
$$7.189 P_{RH,V5} + 23.25 P_{RH,V6} + 4.087 P_{RH,V24} \tag{3-44}$$

$$\sup_t \{\sigma_{T,V5}(t)\} = -7.458\times10^8 + 2.534\times10^6 T_{环境} + 0.9703 P_{RH,V2} +$$
$$36.62 P_{RH,V5} - 11.06 P_{RH,V6} - 0.3809 P_{RH,V24} \tag{3-45}$$

$$\sup_t \{\sigma_{T,V6}(t)\} = -6.224\times10^8 + 2.11\times10^6 T_{环境} - 0.8452 P_{RH,V2} -$$
$$3.196 P_{RH,V5} + 48.62 P_{RH,V6} - 0.6803 P_{RH,V24} \tag{3-46}$$

$$\sup_t \{\sigma_{T,V24}(t)\} = -8.387\times10^8 + 2.868\times10^6 T_{环境} + 0.6938 P_{RH,V2} +$$
$$8.112 P_{RH,V5} - 9.378 P_{RH,V6} + 0.0577 P_{RH,V24} \tag{3-47}$$

由此可知 4 个元器件位置处的最大等效热应力服从以下的概率分布,即

$$\sup_t \{\sigma_{T,V2}(t)\} \sim N(2.584\times10^8, 2.079\times10^{14})$$
$$\sup_t \{\sigma_{T,V5}(t)\} \sim N(1.362\times10^8, 5.909\times10^{13})$$
$$\sup_t \{\sigma_{T,V6}(t)\} \sim N(1.085\times10^8, 4.222\times10^{13})$$
$$\sup_t \{\sigma_{T,V24}(t)\} \sim N(1.469\times10^8, 7.416\times10^{13})$$

由式(3-43)可知

$$R_B = \Pr\{M_T > 0\}$$
$$= \Pr\{M_{T,V2} > 0\} \cdot \Pr\{M_{T,V5} > 0\} \cdot \Pr\{M_{T,V6} > 0\} \cdot \Pr\{M_{T,V24} > 0\} \tag{3-48}$$

因此有

$$R_B = \prod_{i \in \{V2,V5,V6,V24\}} [1 - F_{M,i}(0)] \tag{3-49}$$

式中:$F_{M,i}(z)$ 为元器件 i 热性能裕量的分布函数($i \in \{V2,V5,V6,V24\}$)。

因为 $[\sigma]_{th,i}$ 为随机变量,则有

$$M_{T,i} = \frac{[\sigma]_{th,i} - \sigma_{T,i}}{[\sigma]_{th,i}} = 1 - \frac{\sigma_{T,i}}{[\sigma]_{th,i}} \tag{3-50}$$

$$F_{M,i}(z) = 1 - \Pr\left\{ \frac{\sigma_{T,i}}{[\sigma]_{th,i}} \leqslant 1 - z \right\}$$
$$= 1 - \int_0^{1-z} \int_0^{+\infty} x f_{th,i}(x) f_i(xu) \mathrm{d}x \mathrm{d}u \tag{3-51}$$

式中:$f_{th,i}$ 为性能阈值的概率密度分布函数;f_i 为热性能响应值的概率密度分布函数。

$$R_B = \prod_{i \in \{V2,V5,V6,V24\}} \int_0^1 \int_0^{+\infty} x f_{th,i}(x) f_i(xu) \mathrm{d}x \mathrm{d}u \tag{3-52}$$

式中:$f_{th,i}$ 为许用应力的概率密度分布函数;f_i 为最大等效热应力的概率密度分布函数。

由此可得确信可靠度为 0.8406。

3.4　本章小结

本章主要介绍电子产品的热环境确信可靠性分析方法,并以实际案例说明工程上进行热环境确信可靠性分析的步骤。案例中所应用的有限元仿真方法是工程上常用的,蒙特卡罗仿真分析可以编程实现,对随机数生成方法无特殊要求。

参考文献

[1]　LEE H P. Application of finite-element method in the computation of temperature with emphasis on radiative exchanges[C]. San Diego,TX,USA:7th Thermophysics Conference.

[2]　LEE H P,JACKSON C E. Finite-element solution for a combined radiative-conductive analysis with mixed diffuse-specular surface characteristics[J]. AIAA:Journal,1975.

[3]　李景涌. 有限元法[M]. 北京:北京邮电大学出版社,1999.

[4]　樊越. 航空相机光机热分析与热控技术研究[D]. 北京:中国科学院研究生院(光电技术研究所),2013.

[5]　康锐,等. 确信可靠性理论与方法[M]. 北京:国防工业出版社,2020.

第 4 章

电子产品振动环境确信可靠性分析

　　电子产品在工作、运输过程中可能会受到不同振动形式的影响,分析并保证其振动环境下的性能是保证其可靠性的重要工作项目。本章将从振动力学基本理论出发,总结电子产品的振动性能参数,并详细介绍振动环境下产品确信可靠性分析流程,包括振动性能裕量建模方法、不确定性分析与量化方法以及振动环境下电子产品确信可靠度计算方法。最后以单板计算机为例,进一步说明振动环境确信可靠性分析的具体过程。

4.1　基本概念

4.1.1　振动力学基础

　　电子产品振动信号的基本特性是由其自身固有动态特性与激励信号的特征决定的[1]。按振动信号的统计特性,可分为由周期和非周期振动信号组成的确定性振动信号和非确定性振动信号。

　　周期性振动是指每经过相同的时间间隔 τ 后,其振动物理量重复出现,即 $f(t)=f(t+\tau)$,它包括简谐振动和复杂周期振动。如果各谐波分量之间的频率比有一个或一个以上是无理数,则称它是准周期振动,它实质上是一种非周期振动。非周期振动包括准周期振动和瞬态振动,但在工程中,最常见的是冲击和瞬态振动。瞬态振动信号的时间函数是各种衰减函数,如有阻尼自由振动等。非确定性振动是指不能用确定的函数来描述系统在某时刻振动参量的一种振动形式。尽管随机振动具有非确定性,但它们却有一定的统计规律性。因此,随机振动的特性一般是通过研究在相同的试验条件下取得的多个样本的统计特性来确定的。

　　按照统计特性,随机振动又可分为平稳随机振动和非平稳随机振动两类。当随机振动过程的统计特性不随时间变化时,称其为平稳随机振动过程,否则称为非平稳随机振动过程。任何一个离散振动系统均由 3 个基本部分组成:①振动位移与弹性恢复力相联系的弹性元件；②振动速度与阻尼力相联系的阻尼元件；③振动加速度与惯性力相联系的质量元件。单自由度系统在初始位移或初始加速度激励下的振动称为自由振动。无阻尼单自由度系统如图 4-1 所示。

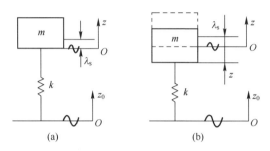

图 4-1　无阻尼单自由度系统

线性弹簧(弹性系数为 k_v)加上质量 m 后，自原始位置被重力压缩 λ_s 距离后，处于静平衡位置，此时 $mg = k_v \lambda_s$(g 为重力加速度)。取该位置为坐标原点 O(图 4-1(a))，若使质量 m 有一向下的位移 z(图 4-1(b))，则由牛顿第二定律得

$$m\ddot{z} = -k_v(z+\lambda_s) + mg \qquad (4-1)$$

将静平衡位置时的 $mg = k_v \lambda_s$ 关系式代入式(4-1)，得振动微分方程为

$$m\ddot{z} + k_v z = 0 \qquad (4-2)$$

令 $k_v/m = \omega_n^2$，则式(4-2)可写为讨论单位质量运动状态的归一化方程，即

$$\ddot{z} + \omega_n^2 z = 0 \qquad (4-3)$$

式中：ω_n 为系统固有振动角频率，rad/s。由于 $k_v/m = g/\lambda_s$，有

$$\omega_n = \sqrt{k_v/m} = \sqrt{g/\lambda_s} \quad (\text{rad/s}) \qquad (4-4)$$

系统振动频率 $f_n = \omega_n/2\pi(\text{Hz})$，系统振动周期 $T_v = 1/f_n = 2\pi/\omega_n(\text{s})$。

设其运动微分方程式通解为

$$z = A_v \cos(\omega_n t + \varphi) \qquad (4-5)$$

式中：A_v 为响应振幅；φ 为相位角。A_v 和 φ 由初始位移 z_0 和初始速度 $\dot{z}_0$ 确定，即

$$A_v = \sqrt{z_0^2 + \left(\frac{\dot{z}_0}{\omega_n}\right)^2}$$

$$\tan\varphi = \frac{\omega_n z_0}{z_0} \qquad (4-6)$$

多自由度线性系统的矩阵表达式为

$$[M_v]\{\ddot{x}_v\} + [C_v]\{\dot{x}_v\} + [K_v]\{x_v\} = \{F_v(t)\} \qquad (4-7)$$

式中：$[M_v]$、$[C_v]$、$[K_v]$ 分别为质量矩阵、阻尼矩阵和刚度矩阵，它们都是方阵，当离散质量数为 n 时，它们都是 $n \times n$ 阶方阵；$\{\ddot{x}_v\}$、$\{\dot{x}_v\}$、$\{x_v\}$、$\{F_v(t)\}$ 分别为加速

度、速度、位移和外激励力矩阵,它们都是 $n \times n$ 阶方阵。

通过对多自由度线性无阻尼系统的自由振动状况的观察,确实存在着组成系统的所有质量都按某些频率同步振动的现象,这些同步振动频率由组成系统的刚度和质量确定,就像单自由度系统的固有频率 $\omega_n = \sqrt{k_v/m}$ 一样。称这些同步振动频率为多自由度系统的固有频率。n 个离散质量有 n 个固有频率 ω_{nn}。ω_{nn} 可由无阻尼多自由度系统的自由振动来求得。当 $[C_v]$ 和 $\{F_v(t)\}$ 均为零时,式(4-7)便成为无阻尼自由振动方程,即

$$[M_v]\{\ddot{x}_v\} + [K_v]\{x_v\} = 0 \qquad (4-8)$$

将式(4-8)展开,可以得到

$$\omega_n^{2n} + \alpha_1 \omega_n^{2(n-1)} + \alpha_2 \omega_n^{2(n-2)} + \cdots + \alpha_{n-1}\omega_n^2 + \alpha_n = 0 \qquad (4-9)$$

求解上述方程后,可以得到 n 自由度系统的 ω_n^2 的 n 个正实根(这里不讨论重根和零根问题),并称这 n 个根为方程式(4-9)的 n 个特征值。固有频率值 ω_n 取正根,并按频率值大小将其 n 个固有频率自低频到高频顺序排序:

$$\omega_{n1} < \omega_{n2} < \omega_{n3} < \cdots < \omega_{nn} \qquad (4-10)$$

式中:下标的第 2 个数字表示固有频率 ω_n 的阶数。一阶固有频率一般称为基频,其余依顺序称为二阶固有频率,$\cdots$,n 阶固有频率。

与简谐振动和机械冲击等振动信号不同,随机振动是非确定性的,虽然可以通过随机振动的历史数据来预测各种加速度和位移级的发生概率,但仍不足以预测特定时刻的精确振级[2]。随机振动的典型曲线如图 4-2(a)所示。图 4-2(a)中的随机运动可以分解为一系列重叠的正弦曲线,每个曲线以其自身的频率和振幅循环,如图 4-2(b)所示。

有许多不同类型的曲线可用于显示随机振动输入要求,最常见的形式为功率谱密度-频率图(图 4-3)。功率谱密度(power spectral density,PSD)P_v 通常被称为均方加速度密度(mean squared acceleration density,MSAD),其定义为[2]

$$P_v = \lim_{\Delta f \to 0} \frac{G_{rms}^2}{\Delta f} \qquad (4-11)$$

式中:G_{rms} 为加速度的均方根(root mean square,RMS),用重力单位表示;Δf 为频率范围的带宽,Hz。

加速度 RMS 水平与随机振动曲线下面积有关:在输入 PSD 下积分得到输入加速度水平,在输出(或响应)PSD 曲线下积分得到输出(或响应)加速度水平。然后由面积的平方根确定加速度的 RMS 水平,即

$$\text{RMS} = \sqrt{\frac{G^2}{\text{Hz}} \times \text{Hz}} = \sqrt{G^2} \qquad (4-12)$$

电子产品中的随机振动环境通常以功率谱密度 P_v(或均方加速度密度)来处

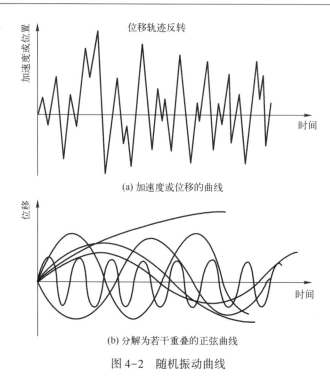

(a) 加速度或位移的曲线

(b) 分解为若干重叠的正弦曲线

图 4-2　随机振动曲线

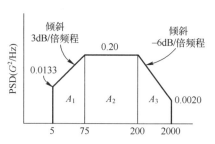

图 4-3　功率谱密度曲线

理,功率谱密度是用重力单位来测量的,即

$$G_{rms} = \frac{a_v}{g} \tag{4-13}$$

式中:a_v 为随机振动信号的加速度;g 为重力加速度。

目前,广泛采用高斯(或正态)分布来预测电子产品在随机振动环境中经历的加速度水平 X_v,即 $X_v \sim N(0, \sigma_{rms}^2)$

$$f_X = \frac{e^{-X_v^2/2\sigma_{rms}^2}}{\sigma_{rms}\sqrt{2\pi}} \tag{4-14}$$

式中:X_v 表示随机振动的瞬时加速度;σ_{rms} 为加速度均方根值;f_X 为 X_v 对应的概率密度函数。则有 $Y_v = X_v/\sigma_{rms} \sim N(0,1)$,则其 Y_v 的概率密度函数曲线如图 4-4 所示。

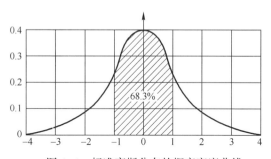

图 4-4　标准高斯分布的概率密度曲线

此时,也可根据高斯分布中的 σ_{rms},将图 4-2 (a)所示的随机振动的加速度曲线划分成若干部分,如图 4-5 所示。

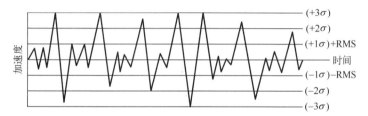

图 4-5　随机振动的加速度曲线

4.1.2　振动性能参数

振动性能是指产品结构对振动环境的响应能力。振动性能的一级指标为抗振性。二级指标为振动应力 σ、固有频率 f_n、裂纹长度 L_a,下面分别介绍这 3 个振动性能参数。

1. 基于强度准则的振动应力

在单一振动激励下,如简谐振动、随机振动、振动冲击等,电子产品的不同部位将会产生不同的应力响应。综合来说,电子产品某部位的振动应力 σ_v 主要与 3 类因素有关,可表示为

$$\sigma_v = F(D_{esi}, M_{ate}, L_{oad}) \tag{4-15}$$

式中:D_{esi} 为电子产品中元器件的长、宽、高、位置坐标、约束方式等设计参数;M_{ate} 为电子产品所用材料的密度、弹性模量、泊松比等材料参数;L_{oad} 为电子产品所承受的简谐振动、随机振动或机械冲击等外部激励。

若电子产品在其寿命周期内需承受多种载荷 $L_{\text{oad }i}$ 的影响,则影响电子产品某处的抗振性的应力 σ_v 为各个载荷激励下电子产品应力响应的最大值,即式(4-15)变为

$$\sigma_v = \max_i F(D_{\text{esi}}, M_{\text{ate}}, L_{\text{oad}-i}) \qquad (4\text{-}16)$$

至于应力 σ_v 的阈值,可从材料力学中的强度准则进行确定。材料力学理论给出了塑性材料中的应力 σ_v 和应变 ε_v 之间的关系曲线,如图4-6所示。在图4-6中,塑性材料有明显的屈服点 b,即 bc 段在应变 $\varepsilon_b \sim \varepsilon_c$ 区间,$\sigma_b \approx \sigma_c$。并在卸载后留下 od' 的永久变形量,称为蠕变量。

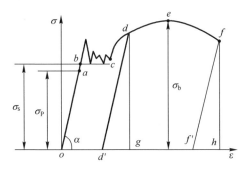

图4-6　塑性材料应力-应变曲线

而脆性材料没有明显的屈服点,当各材料中应变达到 ε_f,应力达到强度极限 σ_f 时,材料断裂、破裂。蠕变量的增大会引起连接松动(如螺栓),结构间隙增大则造成冲击和非线性自激振荡和噪声。基于强度准则,电子产品或元器件的应力阈值主要从材料属性中的强度极限 σ_f 来确定。工程师们可以利用目前市场上的 FEA 仿真软件,如 ANSYS、ABAQUS、CalculiX 等软件评估电子产品的应力、应变等响应值。

2. 基于刚度准则的固有频率

不同于振动应力,固有频率(natural frequency)与振动的初始条件、外部激励等无关,而与系统的固有特性有关,如刚度、质量、外形尺寸、约束条件等。因此,固有频率是整个电子产品的固有属性,单独分析电子产品上的某部位或某器件的固有频率是没有意义的。

综合来说,电子产品的固有频率 f_n 主要与两类因素有关,可表示为

$$f_n = F(D_{\text{esi}}, M_{\text{ate}}) \qquad (4\text{-}17)$$

式中:D_{esi} 为电子产品中的元器件长、宽、高、位置坐标、约束条件等设计参数;M_{ate} 为电子产品内所有材料的密度、弹性模量等材料参数。

为确定固有频率的阈值,下面介绍被动隔离的有关基础知识。当电子产品在运载工具上工作时,可将运载工具自身的振动视为对设备的基础激励,如图4-7(a)所

示。质量 m 上的受力状况如图 4-7(b) 所示。

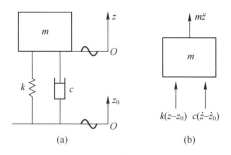

图 4-7　无阻尼单自由度系统

图 4-7 中,有

$$
\begin{cases}
z_0 = A_0 e^{j\omega x} \\
\dot{z}_0 = j\omega A_0 e^{j\omega x} \\
\ddot{z} = -\omega^2 A_0 e^{j\omega x}
\end{cases}
\tag{4-18}
$$

其对应的运动微分方程为

$$
m\ddot{z} + c_v(\dot{z} - \dot{z}_0) + k_v(z - z_0) = 0
\tag{4-19}
$$

式中:c_v 为阻力系数(N·s/m),定义为系统(设备)有单位速度变化量(m/s)时所受到的阻力(N)。

式(4-19)对应的响应解为

$$
z = \mathrm{Re}\left[\frac{\omega_n^2 + 2jD\omega_n\omega}{\omega_n^2 - \omega^2 + 2jD\omega_n\omega} A_0 e^{j\omega t} \right]
\tag{4-20}
$$

式中:阻尼比 $D = c_v / 2\sqrt{km}$。

在复数坐标系内,当量静变形 A_s 与激励振幅 A_0 之比称为幅频特性 $H(\omega)$:

$$
H(\omega) = \frac{A_s}{A_0} = \frac{1}{1 - r^2 + 2jDr}
\tag{4-21}
$$

式中:频率比 $r = f/f_n$。

动力放大因子 λ_v 为 $H(\omega)$ 的模,有

$$
\lambda_v = |H(\omega)| = \frac{1}{1 - r^2 + 4D^2 r^2}
\tag{4-22}
$$

由式(4-22)可获得图 4-8 所示的曲线。

由图 4-8 可见,在 $r \leq 0.5$ 时,λ_v 接近于 1,且与阻尼比 D 关系不大。$r = f/f_n \leq 0.5$,即 $f_n \geq 2f$。当固有频率 f_n 大于 2 倍扫频激励上限频率 $f_上(f_n \geq f_上)$ 时,系统接近于刚体,这就是著名的"2 倍频规则"。

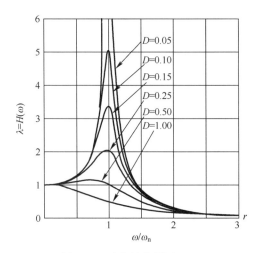

图 4-8　动力放大因子 $\lambda_v - r$

相对独立的结构组合(或单元),用连接件(连接工艺)组成整件时,基础件称为主层次结构,安装在基础件上的结构组合(或单元)称为次层次结构。

根据线性系统振动理论,$i+1$ 层次结构的一阶固有频率 f_{i+1} 与其安装基础 i 层次的一阶固有频率 f_i 的比值 $\beta_v = f_{i+1}/f_i \geq 2$ 时,其动力放大因子 $\lambda_v = |H(\omega)| \approx 1$。此时,可将两个层次结构视为刚性连接,即若需要在其他分析中将不同层次结构假定为刚度连接,则主层次和次层次结构必须符合 2 倍频规则。

但是在实际工程中,达到所有层次结构频率比 $\beta \geq 2$ 的要求较困难。例如,当插箱、机箱自身较重,并且采用导柱、导套、螺栓连接时,其有效连接刚度只有整体结构形式的 30%。因此,在工程中可允许 $\beta_v \geq 1.5$。需要特别注意的是,印制板层次的一阶固有频率 f_n 不得低于扫频激励上限频率 $f_上$ 的 2 倍[1]。因此,固有频率的阈值可取电子产品安装基础的一阶固有频率 f_{bn} 的 2 倍或 1.5 倍。

3. 基于断裂力学的裂纹长度

疲劳是指材料在循环应力或循环应变作用下,由于某点或某些点逐渐产生了局部的永久结构变化,从而在一定的循环次数以后形成裂纹或发生断裂的过程。疲劳破坏发生时,材料所承受的交变应力远小于极限强度。这使得在破坏前,无论对于塑性材料还是脆性材料,都没有显著的残余变形,即无显著塑性变形,呈脆性断裂,事先的维护和检修不易察觉出来,易引起安全事故并造成经济损失。

疲劳断裂断口具有 3 个特征区:疲劳裂纹核心(疲劳源)、疲劳裂纹扩展区(疲劳区)、最后断裂区(瞬断区),如图 4-9 所示。

断裂力学是研究带裂纹体的强度以及裂纹扩展规律的一门学科[3]。由于研究的主要对象是裂纹,因此,也称为"裂纹力学"。它的主要任务是:研究裂纹尖端附近应力与应变情况,掌握裂纹在载荷作用下的扩展规律;了解带裂纹构件的承载能力,从而提出抗断设计的方法,以保证构件的安全工作。由于断裂力学能把含裂纹构件的断裂应力和裂纹大小以及材料抵抗裂纹扩展的能力定量地联系在一起,所以它不仅能圆满地解释常规设计不能解释的"低应力脆断"事故,而且也为避免这类事故找到了方法,同时它也为发展新材料、创造新工艺指明了方向。

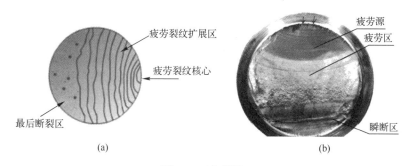

图 4-9　疲劳断口

欧文(Irwin)在格里菲斯(Griffith)理论的基础上,提出了应力强度因子(stress intensity factor,SIF)的概念[4]。欧文认为:当物体内存在裂纹时,裂纹尖端的应力在理论上为无穷大,因此不能用理论应力集中系数来表达,而必须用 SIF 来表达。这是因为在有裂纹的情况下,常规的强度准则已不再适用,不能用应力值的大小来衡量材料的受载程度和极限状态。

应力强度因子 K 是表征裂纹顶端应力场强度(即度量裂纹尖端弹性应力场强弱)的参数,它和裂纹尺寸、构件几何特征及载荷有关。SIF 的概念奠定了线弹性断裂力学的基础。

K 可以为 K_1、K_2、K_3,分别代表 3 种变形情况(图 4-10):

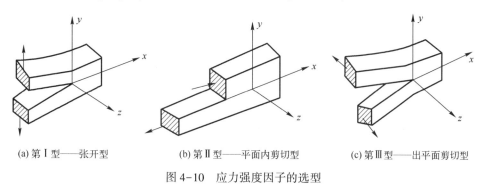

(a) 第 I 型——张开型　　　　(b) 第 II 型——平面内剪切型　　　　(c) 第 III 型——出平面剪切型

图 4-10　应力强度因子的选型

① K_1 代表 I 型,称为张开型。

② K_2 代表Ⅱ型,称为滑开型或平面内剪切型。

③ K_3 代表Ⅲ型,称为撕开型或出平面剪切型。

其中,使用最多的是 K_1 型。

一般情况下,对有限尺寸的构件,SIF 的表达式可表示为

$$K_1 = F_g \sigma_v \sqrt{\pi a_c} \qquad (4-23)$$

式中: F_g 为几何修正系数,取决于裂纹形状、位置和加载方式等; a_c 为裂纹尺寸,对内部或贯穿裂纹取长度的一半,对表面裂纹取裂纹深度; σ_v 为构件所受应力的大小。

从式(4-23)中可以看出,随着外应力 σ_v 的增大,因子 K_1 也不断增大,而裂纹尖端各点的内应力也随之增大。当 K_1 增大到某一临界值时,就能使裂纹尖端附近区域的内应力达到足以使材料分离,从而导致裂纹失稳扩展,构件断裂。这种临界状态所对应的 SIF 称为临界 SIF 或断裂韧性(或断裂韧度),记为 K_{1c}。

材料的断裂韧性表明材料抵抗断裂的能力;与强度极限类似, K_{1c} 完全是材料的特性,它与外力、裂纹场无关,只和材料成分及加工工艺等有关[3]。电子产品中部分常用材料的断裂韧性信息如表4-1所列。

表4-1 电子产品的部分常用材料信息

材料名称	屈服极限/MPa	强度极限/MPa	断裂韧性/(MPa·m^0.5)
FR-4[5]	65～70	70～75	0.8～1.1
铝[5]	30～500	58～500	22～35
铝合金(7075)[6]	500	572	20～35
陶瓷(96% Al₂O₃)[7]	—	2000	3.5
环氧树脂[8]	—	57-62	0.62～0.64
焊点(Cu/63Sn-37Pb)[9]	—	200	8.36

注:不同信息来源的材料属性值差别较大,在实际工程中,应根据试验来确定。

裂纹扩展速率 da/dN 是应力强度因子范围 ΔK 的函数,其在双对数坐标上是一条S形曲线,如图4-11所示。

在图4-11中,裂纹扩展速率与应力强度因子范围的曲线被分为3个区域。

区域Ⅰ为不扩展区。 ΔK_{th} 称为界限应力强度因子或应力强度因子阈值。在空气介质中满足平面应变条件下,认为区域Ⅰ内的 ΔK 值接近于 ΔK_{th}。

区域Ⅱ为裂纹扩展区。其扩展机制为条纹机制,是决定疲劳裂纹扩展寿命的主要区域。在此区域, da/dN 与 ΔK 在双对数坐标上呈线性关系。

区域Ⅲ为快速扩展区。由于其扩展速率很高,因此区域Ⅲ的裂纹扩展寿命很

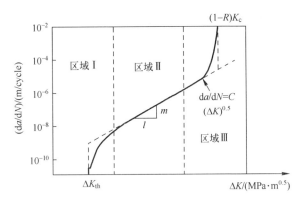

图 4-11　对数坐标下裂纹扩展速率与应力强度因子范围的关系

短,在计算疲劳裂纹扩展寿命时可以将其忽略。

在区域 Ⅱ 中,裂纹扩展速率可以由帕里斯公式表示为

$$\frac{\mathrm{d}a}{\mathrm{d}N}=C_{v}(\Delta K)^{m_{v}} \tag{4-24}$$

式中:ΔK 为应力强度因子范围,$\Delta K = K_{max} - K_{min}$;$C_v$ 为材料有关的系数;m_v 为与材料有关的曲线斜率。

需要注意的是,不同的载荷类型,式(4-24)中的 C_v 和 m_v 值需随应力比而变化。

将式(4-23)代入式(4-24),并求积分,便可得到疲劳裂纹扩展寿命。当 $m_v \neq 2$ 时,疲劳寿命为

$$N_{f}=\frac{L_{c}^{(1-m_{v}/2)}-L_{0}^{(1-m_{v}/2)}}{(1-m_{v}/2) \cdot C_{v}(\Delta\sigma_{v})^{m_{v}} \cdot \pi^{m_{v}/2} \cdot F_{g}^{m_{v}}} \tag{4-25}$$

式中:$\Delta\sigma$ 为应力变化范围;L_0 为初始裂纹长度;L_c 为临界裂纹长度(即裂纹长度的阈值)。

当 $m_v = 2$ 时,疲劳寿命为

$$N_{f}=\frac{1}{C_{v}(\Delta\sigma_{v})^{2} \cdot \pi \cdot F_{g}^{2}} \cdot \ln\left(\frac{L_{c}}{L_{0}}\right) \tag{4-26}$$

初始裂纹尺寸对零件的裂纹扩展寿命有明显的影响,因此 L_0 值的确定要谨慎。初始裂纹长度 L_0 的确定方法如下。

(1) 无损检测方法测定出的最大缺陷尺寸。

(2) 当无损检测方法未检测出缺陷时,取初始缺陷尺寸等于该种检测方法的最小可检测尺寸。

已知材料的断裂韧性 K_{1c} 时,裂纹长度的阈值 L_c 可由式(4-23)得到

$$L_c = \frac{1}{\pi} \left(\frac{K_{1c}}{F_g \sigma_v} \right)^2 \qquad (4-27)$$

由式(4-27)可知,裂纹长度的阈值是一个与所受应力有关的材料属性值。因此,在断裂力学中,便是将初始裂纹长度 L_0 和式(4-27)代入式(4-25)或式(4-26),从而求得疲劳裂纹的寿命。

与振动应力类似,电子产品的任何部位均可能产生疲劳裂纹,所以在分析电子产品的裂纹长度参数时,应选取电子产品的某部位或某器件来进行详细分析。

注意,基于断裂力学的裂纹长度裕量只适用于简谐振动信号。在处理随机振动信号时,需要将随机振动等效转化为简谐振动信号后再进一步分析。

4.2 振动环境确信可靠性分析

4.2.1 分析流程

电子产品振动环境确信可靠性分析流程如图4-12所示。

在对电子产品进行振动环境确信可靠性分析时,首先需要收集电子产品的设计参数和材料参数,这些参数将用于进行有限元仿真、振动性能参数及其阈值的计算。然后,根据任务书或标准等规定的、或者设计部门收集的振动环境剖面,对电子产品进行有限元仿真。在有限元仿真之后,主要获取两类数据:①整个电子产品的一阶固有频率;②电子产品的振动应力响应及云图。

根据振动应力响应云图和更精确的数值解,来确定应力响应较大的部位或器件(即关键部位或器件),从而对其进行进一步确信可靠性分析。理想情况下,对全部的器件和部位进行振动环境确信可靠性分析,能够帮助分析工程师对产品可靠性有更全面的了解和认识。在确定关键部位或器件之后,利用检测装置探测关键部位或器件的初始裂纹长度,并利用帕里斯公式计算得到寿命末期的裂纹长度。

根据4.1.2小节的内容,分别确定3个振动性能参数的阈值,即强度极限、临界裂纹长度、安装基础频率,并分别构建振动性能裕量方程。然后,分析确定整个分析过程中可能存在的不确定因素,明确分析结果的风险点,从而明确未来的不确定性研究方向和内容。最后,计算某种测度(本书仅考虑概率测度)下的电子产品振动环境确信可靠性。

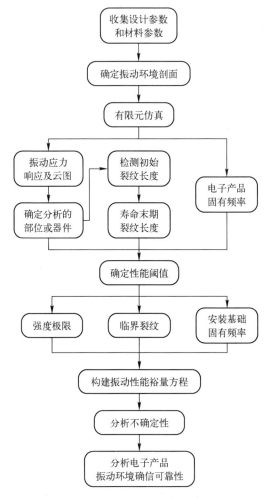

图 4-12　电子产品振动环境确信可靠性分析流程

4.2.2　振动性能裕量方程

1. 振动应力裕量方程

基于强度准则的振动应力的裕量方程为

$$\Delta \sigma = \sigma_f - \sigma_v \qquad (4-28)$$

式中：σ_f 为器件所用材料的强度极限；σ_v 为电子产品在外部激励条件下对应器件的最大应力响应值。

振动应力裕量为望大特性。

2. 固有频率裕量方程

基于刚度准则的固有频率裕量方程为

$$\Delta f = f_n - \beta \cdot f_{bn} \tag{4-29}$$

式中：f_n 为电子产品的固有频率；f_{bn} 为电子产品的安装基础的一阶固有频率或扫频激励上限频率，可由任务书或仿真得到；β 为商定的电子产品频率与安装基础频率的比值。

固有频率裕量为望小特性。

3. 裂纹长度裕量方程

基于断裂力学的裂纹长度裕量方程为

$$\Delta L = L_c - L_t \tag{4-30}$$

式中：L_c 为裂纹长度的阈值，是式（4-27）计算得到的与应力响应有关的材料属性值；L_t 为寿命末期裂纹的长度。

裂纹长度裕量为望大特性。

寿命末期裂纹长度可由描述寿命与裂纹长度的关系式（4-25）或式（4-26）得到。当 $m \neq 2$ 时，寿命末期裂纹长度为

$$L_t = \left[L_0^{(1-m/2)} + N_f \cdot \left(\frac{1-m_v}{2} \right) \cdot C_v (\Delta \sigma_v)^{m_v} \cdot \pi^{m_v/2} \cdot F_g^m \right]^{2/(2-m_v)} \tag{4-31}$$

当 $m = 2$ 时，寿命末期裂纹长度为

$$L_t = L_0 \cdot \exp\left[N_f \cdot C_v (\Delta \sigma_v)^2 \cdot \pi \cdot F_g^2 \right] \tag{4-32}$$

式中：N_f 为产品任务书或甲方规定的寿命要求对应的振动循环次数，即与时间有关的常数。因此，式（4-30）为考虑裂纹退化的裂纹长度裕量方程；但是，式（4-28）和式（4-29）却未考虑性能指标和阈值的退化。

4.2.3　振动性能退化方程

如式（1-2）所示，退化方程描述了产品性能特性的确定性退化规律。对于电子产品的振动性能参数来说，主要是材料的一些属性会随着时间、温度等外界条件的变化而发生退化。

对于振动应力和固有频率性能参数来说，材料的弹性模量、泊松比对振动响应有着较大影响，而材料的强度极限则直接决定着性能裕量的多少。对于裂纹长度性能参数来说，虽然它考虑了裂纹扩展这一退化过程，但是帕里斯公式考虑了振动应力对裂纹扩展的影响，自然影响振动应力的材料属性也会影响到疲劳裂纹的裕量。另外，如式（4-27）所示，裂纹长度的阈值受到断裂韧性 K_{Ic} 的影响，断裂韧性的退化过程也会影响裂纹长度阈值的变化。

与此同时，还要注意到这些材料属性的退化过程也会受到温度、湿度、微生物

等外界环境的影响。由于材料属性与时间有关的退化往往需要通过较长时间的加速性能退化试验才能进行有效描述,本书中暂不讨论材料属性随时间的退化对电子产品可靠性的影响。

4.2.4　不确定性分析与量化

由式(4-15)至式(4-17)和式(4-23)至式(4-26)可知,电子产品在振动环境下的不确定因素主要来源于 3 个方面,即设计参数、材料参数和外部激励。

1. 设计参数

设计参数主要包含器件的长度、宽度、高度、坐标位置等信息。这些参数的不确定性主要来自于产品的生产、制造和装配过程的不稳定。例如,芯片的封装尺寸与设计值大多可能存在 1~2mm 的误差,贴片机在向 PCB 板上摆放器件时也会存在些许误差。可以认为这些参数的不确定性属于随机性的,即这种不确定性可通过对电子产品的这些参数进行测量,并由数理统计来量化这一随机性。器件的长、宽、高度的随机性,可以通过器件手册内的公差参数来进行估计;而器件坐标信息的随机性则需要电子产品的装配单位来进行统计,或根据装配仪器(如贴片机)的精度来估计。

2. 材料参数

材料参数主要包含器件关键部位的密度、弹性模量、泊松比、应力强度因子等。这些参数的不确定性主要来自于产品的生产及制造过程的波动。例如,不同厂商生产的、或同一厂商的不同批次的材料参数往往存在较大的离散性。为准确评估这些材料参数的随机性,需要器件和 PCB 板材生产厂商对批量采购的材料进行抽样,并进行力学试验来检测。尽管测量这些材料参数的试验方法已经十分成熟,并且对于大规模采购材料的厂商来说试验成本较低,但是在民用电子产品领域,电子产品的设计及生产单位并不关心所采购器件的材料参数,这也就导致器件和板材生产厂商没有足够的动力来进行有关试验和测量相关材料参数。

3. 外部激励

振动环境的外部激励主要为随机振动、简谐振动、振动冲击等。对于军工领域的电子产品,一般会在任务书中明确规定产品的振动剖面。在可靠性分析过程中,可以直接利用这种规定的振动剖面。但应该知道,产品的可靠性是依赖于用户在使用产品时的实际振动剖面的。例如,飞机在实际列装部队后,可能会实施跨区演习或作战,这可能会导致其电子产品经历与规范完全不同的振动环境,这是具有很大的不确定性的。要进行深入的可靠性分析,必须全面考虑这些不确定性。

此外,需要指出的是,对于固有频率和裂纹长度这两类振动性能参数,不确定性主要来源是认知不确定性。在固有频率裕量方程中,电子产品的固有频率与安装基础的固有频率之间所能允许的倍数,是通过专家或工程经验来确定,很大程度上受决策人员的认知水平的影响。在裂纹长度裕量方程中,疲劳寿命的数学模型及其有关经验常数或系数是断裂力学确定的经典形式及经典值,虽然得到了学界的广泛认可,但是必然会与电子产品的实际情况存在误差。若想减轻这类认知不确定性对可靠性分析的影响,需要做进一步的理论或实验研究。

4.2.5 确信可靠度计算

根据式(1-3),分别介绍 3 种振动性能参数的确信可靠度计算方法。由于在本书中只考虑概率测度下的度量,则确信可靠度 $R_B = P(\widetilde{M} > 0)$。

1. 振动应力确信可靠度

在计算振动应力的确信可靠性时,根据 4.2.3 小节中提到的不确定因素来源,确定振动应力的裕量方程中阈值和响应的概率分布。

与简谐振动和机械冲击等激励不同,随机振动是具有统计特性的非确定性信号。在分析随机振动对电子产品应力的影响时,比例因子(即图 4-5 中的 σ_{rms})的数值对应力分析结果有较大影响。

令在随机振动仿真分析中,比例因子为 $k\sigma$ 时,仿真得到的应力结果为 σ_k。根据 4.1.1 小节可知,输入随机振动信号 $Y = X/\sigma_{rms} \sim N(0,1)$,则当比例系数选择 $k\sigma$ 时,随机变量 $Y = k$;此时,由于随机振动加速度和应力具有方向性,应力响应的绝对值不大于 σ_k 的概率为

$$
\begin{aligned}
P_{v-k} = P(|\sigma| \leqslant \sigma_k) &= P(|Y| \leqslant k) \\
&= P(-k \leqslant Y \leqslant k) \\
&= \Phi(k) - \Phi(-k)
\end{aligned}
\tag{4-33}
$$

式中:$\Phi(x)$ 为标准正态分布的累积概率函数。

对于线性系统而言,位移、力和应力与比例因子以完全相同的比例出现[2]。也就是说,在随机振动环境中,3σ 下的最大位移、力和应力将比均方根(1σ)位移、力和应力大 3 倍。则任意比例因子 x 及其对应的应力响应 σ_x 之间的关系为

$$
\frac{\sigma_x}{x} = \frac{\sigma_k}{k}
$$

$$
x = \frac{k\sigma_x}{\sigma_k}
\tag{4-34}
$$

所以,有应力响应小于 σ_x 的概率表达式,即

$$
\begin{aligned}
F(\sigma_x) = P(|\sigma| \leqslant \sigma_x) &= P\left(|Y| \leqslant \frac{k\sigma_x}{\sigma_k}\right) \\
&= \Phi\left(\frac{k\sigma_x}{\sigma_k}\right) - \Phi\left(\frac{-k\sigma_x}{\sigma_k}\right)
\end{aligned}
$$

$$= 2\Phi\left(\frac{k\sigma_x}{\sigma_k}\right) - 1 \qquad (4-35)$$

由于简谐振动和冲击振动都属于确定性振动信号,所以在进行应力仿真时,可以得到对应剖面下的应力最大值;当然也可做瞬态分析,得到应力响应的变化过程。如果材料参数、设计参数等因素已知,则应力响应值是确定的。

因此,在计算振动应力的确信可靠度时,需要根据获取的激励、设计参数和材料参数的随机分布数据,以及计算能力等因素综合分析,选取适合的不确定因素来分析电子产品的振动应力确信可靠度。

2. 固有频率确信可靠度

电子产品的固有频率只与本身的设计参数、材料参数和约束方式等有关,与外界环境和载荷无关。因此,在计算过程中可对设计参数等因素进行离散化处理,分别评估各个参数组合下电子产品的固有频率数据,并拟合为合适的分布类型,得到相应的分布参数。

而固有频率的阈值则需要根据被分析对象来分别确定。如果分析对象为机箱、机笼等机械结构(而非电路板),则其固有频率的阈值为其安装基础(上一层次结构)的一阶固有频率的倍数,与外部激励无关。如果被分析的对象为印制电路板,其固有频率的阈值除了受上一安装层次的一阶固有频率的影响外,其固有频率还必须在扫频激励上限频率的 2 倍以上[1]。所以,式(4-29)中的 $\beta \cdot f_{bn}$ 应为

$$\beta \cdot f_{bn} = \max\{\beta_{i-1} \cdot f_{i-1}, 2 \times f_{扫}\} \qquad (4-36)$$

式中:β_{i-1} 为采购和供应双方商定的频率比值;f_{i-1} 为印制电路板上一层次结构的一阶固有频率;$f_{扫}$ 为扫频激励上限频率。

3. 裂纹长度确信可靠度

帕里斯公式内的初始裂纹长度是与生产制造过程有关的随机变量,可以通过对电子产品做探伤分析来确定这些随机变量的概率分布。

裂纹长度的阈值则受产品的应力响应及材料的断裂韧性影响。应力响应的随机性已经在 4.2.4 小节详细讨论过了,这里不再赘述。正如 4.1.2 小节所述,与强度极限类似,材料的断裂韧性是只和材料成分及加工工艺等有关的材料特性。

在计算到某时间 N 的裂纹长度时,本章给出的式(4-31)和式(4-32)是基于帕里斯公式的;公式中存在着较多的与材料和受力方式有关的系数,如 c、m 等,这些系数因子需要做试验来确定。然而,在现实工程中,往往采用一些经验值,这些参数的选取存在一定的不确定性。这些不确定性可以通过工程师人为地对其中系数设置一些分布范围来大致描述,但需要清楚这些参数不确定性会导致分析结果有一定的风险。进一步地,选取帕里斯公式来计算裂纹长度就存在着认知不确定性的影响,这些不确定性都需要进一步研究。

4.3 案例分析

4.3.1 分析对象简介

本节以某单板计算机为例,阐述振动环境确信可靠性分析方法。单板计算机的器件布局如图 4-13 所示,固定方式为周围 4 孔的固定约束,其受垂直于电路板的随机振动应力影响,且随机振动的功率谱密度如表 4-2 所列。

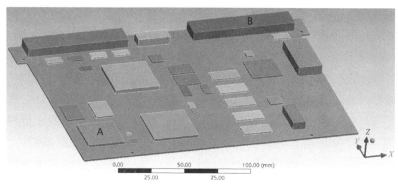

(a) 正面

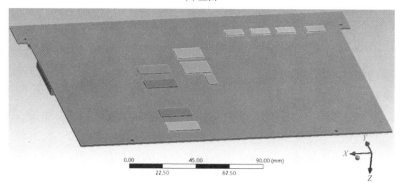

(b) 反面

图 4-13　某型单板计算机(彩图见书末)

表 4-2　随机振动的 PSD 谱

频率/Hz	PSD(G^2/Hz)
15	0.004
150	0.004
300	0.01

频率/Hz	PSD(G^2/Hz)
1000	0.01
2000	0.005

4.3.2 振动应力确信可靠性分析

经过随机振动仿真,比例系数为 1σ 时,整个电子产品的等效应力情况如图 4-14 所示。

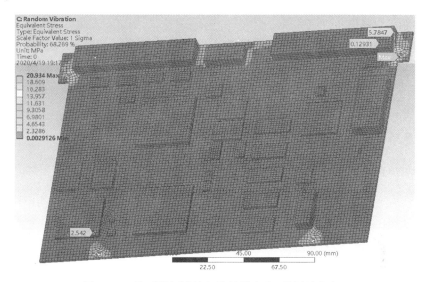

图 4-14 某型单板计算机的等效应力(彩图见书末)

从振动应力响应中可以看出,在给定 PSD 谱下,PCB 板、器件 A 和器件 B(图 4-13)处的应力较大,因此选取这 3 个器件作为主要分析对象。

经查,PCB 板材料为 FR-4,其拉伸强度极限服从 $N(70\mathrm{MPa}, 4)$ 的正态分布。由仿真结果可知,当比例系数(scale factor)为 1σ 时,PCB 板的最大等效应力值为 20.934 MPa。则 PCB 板的振动应力确信可靠度为

$$
\begin{aligned}
R_{\mathrm{pcb}} &= P(\Delta\sigma_{\mathrm{pcb}} > 0) \\
&= P(\sigma_{\mathrm{f-pcb}} > \sigma_{\mathrm{pcb}}) \\
&= \int_0^{+\infty} f_{\mathrm{f-pcb}}(\sigma_f) \cdot P(\mid\sigma_{\mathrm{pcb}}\mid \leqslant \sigma_f)\mathrm{d}\sigma_f
\end{aligned} \tag{4-37}
$$

式中:$f_{\mathrm{f-pcb}}(\sigma_f)$ 为 PCB 板强度极限的概率密度函数。将式(4-35)代入式(4-37)得

$$
R_{\mathrm{pcb}} = \int_0^{+\infty} f_{\mathrm{f-pcb}}(\sigma_f) \cdot P(\mid\sigma_{\mathrm{pcb}}\mid \leqslant \sigma_f)\mathrm{d}\sigma_f
$$

$$= \int_0^{+\infty} f_{\text{f-pcb}}(\sigma_{\text{f}}) \cdot \left[2\Phi\left(\frac{1 \times \sigma_{\text{f}}}{20.934} \right) - 1 \right] \mathrm{d}\sigma_{\text{f-pcb}}$$

$$= 0.9991 \tag{4-38}$$

同理,可求得器件 A、器件 B 和各个焊点的振动应力确信可靠度。

已知器件 A 的强度极限服从 $N(60\text{MPa}, 12)$ 的正态分布,器件 B 的强度极限服从 $N(45\text{MPa}, 7)$ 的正态分布,焊点的强度极限服从 $N(200\text{MPa}, 15)$ 的正态分布。由图 4-14 的仿真结果可知,当比例系数为 1σ 时,器件 A 的应力值为 2.542MPa,器件 B 的应力值为 0.12931MPa,器件 B 处的焊点应力最大,为 5.7847MPa。由于这些器件或部位的应力响应值与强度极限相差过大(即性能裕量过大),求得的振动应力确信可靠度近似为 1。

所以,在给定振动环境剖面下,器件 A 和器件 B 的确信可靠度很高,而 PCB 板的确信可靠度可能不会达到某些应用领域的高可靠要求。如果再考虑到材料的退化,PCB 板的确信可靠度还将进一步降低,这需要可靠性分析工程师作进一步的研究和分析。

4.3.3　固有频率确信可靠性分析

通过仿真计算,得到单板计算机的前 6 阶模态如表 4-3 所列,其 1 阶位移如图 4-15 所示。

表 4-3　单板计算机的前 6 阶模态

模态	1 阶	2 阶	3 阶	4 阶	5 阶	6 阶
频率/Hz	95.667	178.46	213.91	253.47	372.62	435.48

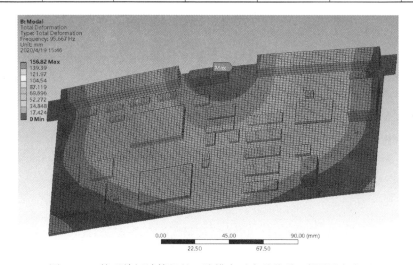

图 4-15　某型单板计算机的 1 阶模态对应总位移(彩图见书末)

已知该单板计算机所属产品为 3 层次结构:机柜—机箱—印制电路板,且产品各层次之间频率比为 1.5,机箱的 1 阶频率服从正态分布 $N(31\text{Hz},7)$。与此同时,任务书规定的该电子产品的扫频上限频率服从正态分布 $N(42\text{Hz},6)$。根据式(4-36),以两种频率的均值进行比较,从而确定固有频率的阈值为

$$
\begin{aligned}
\beta \cdot f_{\text{bn}} &= \max\{\beta_{i-1} \cdot f_{i-1}, 2 \times f_{\text{扫}}\} \\
&= \max\{1.5 \times 31, 2 \times 42\} \\
&= 84\text{Hz} = 2 \times f_{\text{扫}}
\end{aligned} \tag{4-39}
$$

则该电路板的固有频率确信可靠度为

$$
\begin{aligned}
R &= P(\Delta f > 0) \\
&= P(f_{\text{n}} > \beta \cdot f_{\text{bn}}) \\
&= P(f_{\text{bn}} < 0.5 \times 95.667) \\
&= \int_0^{47.8335} \frac{1}{\sqrt{2\pi} \times 6} \exp\left(- \frac{(f_{\text{bn}} - 42)^2}{2 \times 6}\right) \mathrm{d}f_{\text{bn}} \\
&= 0.9914
\end{aligned} \tag{4-40}
$$

在给定约束条件下,整个电子产品的固有频率确信可靠度较高,但仍可能不会达到某些应用领域的高可靠性要求。可靠性分析工程师应该根据可靠性要求,来判断是否需要作进一步的考虑材料退化的固有频率确信可靠性的分析研究。

4.3.4　裂纹长度确信可靠性分析

由表 4-1 可知,PCB 板材的断裂韧性 $K_{1c} \sim N(1\text{MPa} \cdot \text{m}^{1/2}, 0.003)$。由于裂纹长度及其裕量均为与应力有关的常数。本节假设该单板计算机在某简谐振动信号作用下的应力响应为 20.934 MPa。

当系数 F 选取 1.12 时,根据式(4-27),利用蒙特卡罗抽样并拟合得到 PCB 板材的裂纹长度阈值 $L_{\text{c}} \sim N(580.77\mu\text{m}, 4029)$。

PCB 板材对应的常数因子 C 为 8.16×10^{-12},m 为 3.8。由任务书确定的产品预期寿命和简谐振动剖面的时间,得到裂纹扩展的周期数 N 为 200000。经超声波探伤测得 PCB 板材的初始裂纹长度服从正态分布 $N(0.03\text{mm}, 4)$,由式(4-31)得该材料在 N 周期后裂纹长度为 $L_{\text{t}} \sim N(33.27\mu\text{m}, 5.91)$,则该 PCB 板材的裂纹长度裕量的确信可靠度为

$$
\begin{aligned}
R &= P(\Delta L > 0) \\
&= P(L_{\text{c}} > L_{\text{t}}) \\
&\approx 1
\end{aligned} \tag{4-41}
$$

在给定振动剖面下,该电子产品 PCB 板材的裂纹长度确信可靠度较高,之后

应采取适当方法来获取产品实际使用的 PCB 板材的相关材料参数,作更加精确的分析。

4.4　本章小结

本章主要介绍了电子产品在振动环境下的确信可靠性分析方法,并以实际案例说明了工程上进行振动确信可靠性分析的步骤。案例中所应用的有限元模态仿真方法、有限元振动应力仿真方法都是工程上常用的。进行不确定性分析时所采用的蒙特卡罗仿真可以编程实现,对随机数生成方法无特殊要求。这些方法对振动环境下电子产品确信可靠性分析过程都是适用的。

参考文献

［1］ 季馨,王树荣,等. 电子设备振动环境适应性设计［M］. 北京:电子工业出版社,2012.

［2］ STEINBERG D S . Vibration Analysis for Electronic Equipment (3rd edition)［M］. John Wiley and Sons,Inc. ,2000.

［3］ 尹双增. 断裂·损伤理论及应用［M］. 北京:清华大学出版社,1992.

［4］ IRWIN G R. Analysis of stresses and strains near the end of a crack traversing a plate［J］. Trans. ASME,Journal of Applied Mechanics,1957,24:361-364.

［5］ DIELECTRIC MANUFACTURING. Knowledge Base:Plastic,Metal Parts［EB/OL］.［2020-08-14］.https://dielectricmfg.com/knowledge-base/.

［6］ WIKIPEDIA. 7075 aluminium alloy［EB/OL］.［2020-08-14］.https://en.wikipedia.org/wiki/7075_aluminium_alloy.

［7］ INTERNATIONAL SYALONS (NEWCASTLE) LIMITED. Alumina［EB/OL］.［2020-08-14］. https://www.syalons.com/materials/alumina/.

［8］ ZHONGWEI ZHANG, et al. Mechanical properties and fracture toughness of epoxy resin improved by low-viscosity hyperbranched epoxy［C］. 5th International Conference on Advanced Design and Manufacturing Engineering,2015:1662-1666.

［9］ RONALD E PRATT,et al. Mode I fracture toughness testing of eutectic Sn-Pb solder joints［J］. Journal of Electronic Materials,1994,23,(4):375-381.

第 5 章

电子产品电磁环境确信可靠性分析

电磁环境是电子产品工作时所处的特殊环境,电磁干扰问题影响着产品的可靠性,分析并保证电磁环境下产品的性能是电子产品确信可靠性分析的重要环节。本章从电磁场基本理论出发,总结出电子产品的两类电磁性能指标和可能的电磁性能参数,并详细介绍电磁环境下产品确信可靠性分析流程(包括电磁性能方程和裕量方程的建模方法、电磁性能退化方程的建立方法以及不确定性分析与量化方法),给出电磁环境下电子产品确信可靠度计算方法。最后以芯片的信号传输结构为例进一步说明电磁环境确信可靠性分析的具体过程。

5.1　基本概念

5.1.1　电磁场基本定律

麦克斯韦(Maxwell)方程组是电磁场理论的核心。为了能够更好地理解麦克斯韦方程中的符号,首先介绍本章中使用的源量与场量的符号及其定义[1]。

1. 基本源量

与电荷相关的参量包括点电荷 q、线电荷 λ、面电荷 η 与体电荷 ρ。

(1)点电荷 q,单位为 C(库仑)。如果电荷分布的区域很小,则从宏观角度可以认为它只分布在一个点上,这样的电荷分布称为点电荷分布。电量 q 即为点电荷电量。一般情况下,点电荷可以是时间的函数,即

$$q(G) = q(\boldsymbol{r}_G, t) \tag{5-1}$$

式中: $\boldsymbol{r}_G$ 为 G 点电荷所在点的位置矢量。

(2)线电荷 λ,单位为 C/m(库仑/米)。如果电荷分布的区域很细,则从宏观角度可以认为其横截面积为零,这样的电荷分布称为线电荷分布。线电荷分布既可以是直线分布,也可以是曲线分布。一般而言,对于曲线上任意一点 G,如果包含 G 点的线元 Δs 上带有电荷量 Δq,则当 Δs 向 G 点收缩趋向于零时, Δq 与 Δs 比

值的极限为 G 点的线电荷密度,即

$$\lambda(G) = \lim_{\Delta s \to 0(G)} \frac{\Delta q}{\Delta s} \tag{5-2}$$

一般情况下,线电荷密度是时间和空间位置的函数,即

$$\lambda = \lambda(x, y, z, t) = \lambda(\boldsymbol{r}, t) \tag{5-3}$$

式中:$\boldsymbol{r}$ 为空间点的位置矢径。对于一条曲线 S,其上的电荷量为

$$Q(t) = \int_S \lambda(\boldsymbol{r}, t) \mathrm{d}s \tag{5-4}$$

式中:$\mathrm{d}s$ 为曲线 S 上的线元。

(3) 面电荷 η,单位为 $\mathrm{C/m^2}$(库仑/平方米)。如果电荷分布的区域很薄,则从宏观角度可以认为其厚度为零,这样的电荷分布称为面电荷分布。这种情况下,可以认为电荷分布在一个没有体积的曲面上,对于曲面上任意一点 G,如果包含 G 点的面元 Δa 含有的电荷量为 Δq,则当 Δa 向 G 点收缩趋向于零时,Δq 与 Δa 比值的极限为 G 点的面电荷密度,即

$$\eta(G) = \lim_{\Delta a \to 0(G)} \frac{\Delta q}{\Delta a} \tag{5-5}$$

一般情况下,面电荷密度是时间和空间位置的函数,即

$$\eta = \eta(x, y, z, t) = \eta(\boldsymbol{r}, t) \tag{5-6}$$

式中:$\boldsymbol{r}$ 为空间点的位置矢径。对于一个曲面 A,其上的电荷量为

$$Q(t) = \int_A \eta(\boldsymbol{r}, t) \mathrm{d}a \tag{5-7}$$

式中:$\mathrm{d}a$ 为曲面 A 上的面元。

(4) 体电荷 ρ_v,单位为 $\mathrm{C/m^3}$(库仑/立方米)。如果包含任意一点 G 的体积元 ΔV 内含有电荷量 Δq,则当 ΔV 向 G 点收缩趋向于零时,Δq 与 ΔV 比值的极限为 G 点的体电荷密度,即

$$\rho_v(G) = \lim_{\Delta V \to 0(G)} \frac{\Delta q}{\Delta V} \tag{5-8}$$

一般情况下,体电荷是时间和空间位置的函数,即

$$\rho_v = \rho_v(x, y, z, t) = \rho_v(\boldsymbol{r}, t) \tag{5-9}$$

式中:$\boldsymbol{r}$ 为空间点的位置矢径。对于一个已知体积 V,其内部所包含的电荷量为

$$Q(t) = \int_V \rho_v(\boldsymbol{r}, t) \mathrm{d}V \tag{5-10}$$

式中:$\mathrm{d}V$ 为体积 V 上的体积元。与电流相关的参量有线电流 $\boldsymbol{I}$、面电流 $\boldsymbol{K}$ 和体电流 $\boldsymbol{J}$。

(5) 线电流 $\boldsymbol{I}$,单位为 A(安培)。若电流流过的区域很细,在宏观理想情况下,可认为该区域是一条截面积为零的线。此时的电流分布可以认为是具有电流 $\boldsymbol{I}$ 的

一条线电流。一般情况下,线电流是时间与空间位置的函数,即

$$I = I(x, y, z, t) = I(\boldsymbol{r}, t) \tag{5-11}$$

(6) 面电流 $\boldsymbol{K}$,单位为 A/m(安培/米)。若电流流过的区域很薄,在宏观理想情况下,可认为电流是在一个曲面上流动。对于面上一点 G,若在 G 点电流的流动方向上单位矢量为 $\boldsymbol{i}_v$,流过 G 点且与 $\boldsymbol{i}_v$ 垂直的线元 Δl 的电流为 ΔI,面厚度 $h \to 0$,则 G 点的面电流密度为

$$\boldsymbol{K}(G) = \boldsymbol{i}_v \lim_{\Delta l \to 0(G)} \frac{\Delta I}{\Delta l} \tag{5-12}$$

一般情况下,面电流密度是时间与空间位置的函数,即

$$\boldsymbol{K} = \boldsymbol{K}(x, y, z, t) = \boldsymbol{K}(\boldsymbol{r}, t) \tag{5-13}$$

对于有面电流 $\boldsymbol{K}(\boldsymbol{r}, t)$ 流过的曲面上的一条曲线 S,流过曲线 S 的电流为

$$I(t) = \int_C \boldsymbol{K}(\boldsymbol{r}, t) \cdot \boldsymbol{i}_{ns} \mathrm{d}s \tag{5-14}$$

式中:$\mathrm{d}s$ 为 S 上的线元;$\boldsymbol{i}_{ns}$ 为该线元的法向单位矢量。

(7) 体电流 $\boldsymbol{J}$,单位为 A/m^2(安培/平方米)。对于空间任意一点 G,若电流在 G 点的流动方向上单位矢量为 $\boldsymbol{i}_v$,流过包含 G 点且与 $\boldsymbol{i}_v$ 垂直的面元 Δa 的电流强度为 ΔI,则 G 点的体电流密度为

$$\boldsymbol{J}(G) = \boldsymbol{i}_v \lim_{\Delta a \to 0(G)} \frac{\Delta I}{\Delta a} \tag{5-15}$$

一般情况下,体电流密度是时间与空间位置的函数,即

$$\boldsymbol{J} = \boldsymbol{J}(x, y, z, t) = \boldsymbol{J}(\boldsymbol{r}, t) \tag{5-16}$$

流过一个曲面 A 的总电流为

$$I(t) = \int_C \boldsymbol{J}(\boldsymbol{r}, t) \mathrm{d}a \tag{5-17}$$

式中:$\mathrm{d}a$ 为 A 上的矢量面元。

2. 基本场量

(1) 洛伦兹(Lorenz)力 $\boldsymbol{F}$,单位为 N(牛顿)。试验证明,一个以速度 $\boldsymbol{v}$ 运动的点电荷 q 在自由空间电磁场中受到的力满足洛伦兹力公式,即

$$\boldsymbol{F} = q\boldsymbol{E} + q\boldsymbol{v} \times \mu_0 \boldsymbol{H} \tag{5-18}$$

式中:μ_0 为真空磁导率。式(5-18)等号右边第一部分与运动速度无关,第二部分与速度大小成正比且与其方向垂直。

(2) 电场强度 $\boldsymbol{E}$,单位为 N/C(牛顿/库仑),常用 V/m(伏特/米)。电场强度是由洛伦兹力与速度无关部分定义的,即

$$\boldsymbol{E} = \frac{\boldsymbol{F} \big|_{v=0}}{q} \tag{5-19}$$

（3）磁场强度 H，单位为 A/m（安培/米）。电场强度是由洛伦兹力与速度相关部分定义的，设 $\Delta F = F - qE = F \mid_{E=0}$，则

$$| H | = \frac{| \Delta F |}{\mu_0 | q | | v | | \sin\alpha |} \tag{5-20}$$

式中：α 为 v 与 H 的夹角。改变 q 的运动方向，使 $| \Delta F |$ 达到最大值，则有

$$H = \frac{\Delta F \cdot v}{q\mu_0 | v |^2} \tag{5-21}$$

3. 自由空间麦克斯韦方程组

自由空间中电磁场定律有以下 5 个。

（1）法拉第电磁感应定律

$$\oint_S E \cdot ds = -\frac{d}{dt}\int_A \mu_0 H \cdot da \tag{5-22a}$$

（2）修正的安培环路定律

$$\oint_S H \cdot ds = \int_A J \cdot da + \frac{d}{dt}\int_S \varepsilon_0 E \cdot da \tag{5-22b}$$

（3）电场高斯定律

$$\oint_A \varepsilon_0 E \cdot da = \int_V \rho_v dV = Q_{net} \tag{5-22c}$$

（4）磁场高斯定律

$$\oint_A \mu_0 H \cdot da = 0 \tag{5-22d}$$

（5）电荷守恒定律

$$\oint_A J \cdot da = -\frac{d}{dt}\int_V \rho_v dV = -\frac{dQ_{net}}{dt} \tag{5-22e}$$

通常，将式（5-22a）至式（5-22e）称为麦克斯韦方程组。由于这 5 个公式中出现的都是场量 E、H 和源量 ρ、J 的线、面、体积分，故称为积分形式的场定律。

4. 电磁场定律的物理内涵

（1）法拉第电磁感应定律的物理内涵。在自由空间中，沿一条闭合路径的电动势等于与该路径交链的磁通量（穿过以闭合路径为边界的任何一个曲面的磁通量）的减少率（对时间变化率的负值），即时变的磁场可以产生涡旋电场。

（2）修正的安培环路定律的物理内涵。在自由空间中，磁场强度沿一条闭合曲线的环流量（也称为磁动势）等于同该曲线交链的电流量与电通量增加率之和，即电流和时变电场都可以产生涡旋磁场。

（3）电场高斯定律的物理内涵。在自由空间中，由一个闭合曲面内穿出的电通量等于曲面所包围的全部体积内的净电荷量，即电荷是电通密度矢量的源。

（4）磁场高斯定律的物理内涵。在自由空间中,由任何一个闭合曲面内穿出的净磁通量都为零。也就是说,磁通密度矢量的源,即所谓的"磁荷"是不存在的。

（5）电荷守恒定律的物理内涵。对于一个体积为 V、外表面为 S 的系统:仅当有电荷进出时,系统内的净电荷量才会改变;若系统与外界没有电荷交换,即为一个封闭的电荷系统,则系统内的净电荷量不变。也就是说,电荷只能以电流形式转移,而不能自行产生或消失。

5.1.2　电磁环境

电磁环境(electromagnetic environment,EME)指的是电子产品在既定工作环境中执行规定任务时可能遇到的各种传导型和辐射型电磁发射。电磁环境函数一般是频率、时间和电磁发射功率的函数,即

$$\text{EME} = \text{function}(f, t, P_e) \tag{5-23}$$

式中:f 为频率;t 为时间;P_e 为电磁发射功率[2]。

电磁环境复杂度由该环境中含有的电磁泄漏要素的数量 N_e,电磁敏感要素的数量 N_s 以及有效电磁干扰概率 Pr_{EI} 共同决定,即

$$\text{CEME} = \text{function}(N_e, N_s, \text{Pr}_{EI}) \tag{5-24}$$

其中,电磁泄漏要素指的是具有一定独立性(正交性)和代表性(完备性)的电磁泄漏基本单元;电磁敏感要素指的是具有一定独立性(正交性)和代表性(完备性)的电磁敏感基本单元;有效电磁干扰指的是电磁泄漏能够使敏感单元出现电磁敏感的事件。

由电磁环境复杂度的定义可以看出,电磁环境的复杂性具有相对性。不论电磁环境如何,只要没有对敏感设备产生有效电磁干扰,则该电磁环境就不算复杂。

5.1.3　电磁干扰

电磁干扰(electro-magnetic interference,EMI)又称为电子噪声,是指电子产品工作时产生的电子信号或电磁发射而引发其他设备、传输通道或系统产生不能接受的响应、故障或性能下降。

按照干扰来源,EMI 可分为自然干扰和人为干扰。无论是人为的还是自然的电磁干扰源,可以按照它们构成威胁的程度,由高到低分为雷电、强电磁脉冲、静电放电和开关操作。

雷电产生的电磁脉冲是最为严重的电磁干扰源,天线、电网、电线、电缆或裸露金属体都会感应其强大的感应而产生过电压和过电流,一旦引入电子产品,会产生

破坏性后果。强电磁脉冲指的是极强的人工电磁干扰源,如核电磁脉冲和非核高能微波电磁脉冲。它们是现代战争的电磁武器,能对电子产品进行干扰破坏,使之故障而瘫痪。静电放电((electro-static discharge,ESD)是人或设备在低湿度环境中运动而容易产生的一种物理现象,在运动过程中吸取和释放静电。ESD 是一种非周期放电脉冲,形成宽带干扰源,干扰电子产品正常运行。由于开关的通或断引起电压或电流急剧变化产生瞬态干扰。其中电子开关虽然不如机械开关那样容易产生火花放电,但电子开关速度快,电流迅速变化的干扰也不可避免。

例如,航空电子产品所受到的电磁干扰主要来自 3 类干扰源,即自然干扰源、人为干扰源及机载干扰源。其中,自然干扰源指的是雷电放电、日晖、磁暴、太阳黑子爆发等,它们的特点是发生概率很小,但危险性极高;人为干扰源又可分为飞机外部和内部干扰源,其中外部主要有地面通信、导航、雷达设备的干扰以及各种电子对抗辐射源,内部诸如乘客使用的手机、计算机等电子产品产生的干扰;而机载干扰源主要是指飞机上各种通信设备以及开关、发动机控制器等电子产品,如电源线上产生的电磁场、时钟/脉冲电路产生的高频信号、电源开关进行电位变化时产生的干扰等。

电子产品的内外均存在各种电磁干扰,可按照存在区域分为外部干扰和内部干扰。外部干扰是指电子产品以外因素对线路、设备或系统的干扰,这些电磁波是通过外壳、天线及各种输入馈线等途径进入设备内部的。内部干扰是指电子产品内部各元件、部件之间的相互干扰,如电子产品内共用电源或地线造成的共阻抗干扰。

在电磁干扰下,电子产品可能会出现暂时性的误动作或功能失调,严重时会出现工作性能的永久性降级甚至失灵,降低产品可靠性,缩短产品寿命[5]。

5.1.4 电磁兼容基本术语

1. 电磁兼容性

电磁兼容性(electromagnetic compatibility,EMC)是所有电磁敏感对象能够在共同的电磁环境中一起执行各自功能的能力。电磁兼容性具有两方面的内涵。

(1)设备、分系统、系统在预定电磁环境中运行时,不因电磁干扰而受损或产生不可接受的性能降级。

(2)设备、分系统、系统在预定电磁环境中正常地工作,且不会给环境(或其他设备)带来不可接受的电磁干扰。

由此可见,电磁兼容性不仅是对系统承受外界及自身电磁干扰能力的要求,也是该系统对其运行环境及其他系统或设备产生电磁干扰影响的要求。前者体现在对系统电磁敏感性的要求上,而后者则是对电磁泄漏特性提出的要求。尤其当多个系统进行编队作业时,对各系统要充分考虑上述两个方面的电磁兼容性问题。

例如,载人航天飞行器与其伴随卫星所组成的系统,释放与伴飞过程中可能出现伴随卫星发射天线主瓣进入载人航天器接收天线主瓣的情况,从而引发航天器间的电磁兼容问题,严重时会妨碍飞行任务的顺利进行。这就要求在对伴随卫星系统进行电磁兼容性分析与设计时,不仅要考虑自身的电磁敏感特性,还要充分考虑其电磁泄漏程度是否会对载人航天器系统造成不可接受的影响。

实际上,电磁兼容性是在电磁干扰的基础上,对系统的电磁敏感性和电磁泄漏特性提出了阈值要求,也可称为裕量要求。一般情况下,某系统的电磁敏感程度应不低于某阈值,而电磁泄漏程度应不高于某阈值。

图 5-1 所示为电磁兼容性测试结果示意图。从图 5-1(a) 中可以看到,部分高频段信号已经超过电磁泄漏的极限值。在图 5-1(b) 中,10MHz 处不满足电磁敏感性要求。

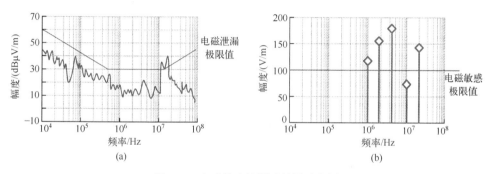

图 5-1　电磁兼容性测试结果示意图

2. 电磁敏感性与电磁泄漏

电磁敏感性(susceptibility)和电磁泄漏(emission)是电磁兼容性中更加具体的两个方面。电子产品的电磁泄漏和电磁敏感特性是系统的固有属性,由其设计原理、设计加工工艺和结构等因素决定。研究电磁干扰的主要目的是通过仿真分析、实体测试等手段准确掌握和描述电子产品的电磁泄漏和电磁敏感特性。

3. 电磁易损性

电磁易损性(electromagnetic vulnerability)是电磁干扰定义中电磁敏感性的一个特殊子问题,也是系统的固有属性。其定义为系统、设备或装置在电磁干扰影响下性能降级或不能完成规定任务的特性。系统对电磁信号过于敏感是导致其电磁易损的根源。

对图 5-2(a) 和图 5-2(b) 进行对比,可以看到电磁易损性和电磁敏感性的关系。导致出现危及系统和人员安全问题的电磁敏感频点称为电磁易损频点（图5-2（b）中的点1和点2）。如果电磁敏感性检测时频点设置不够密,那么电磁易损点很可能发生在电磁敏感性测试报告标注的敏感频点之外（图5-2（b）中的点2）。

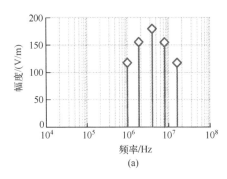
(a)

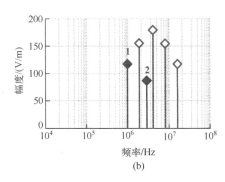
(b)

图 5-2　电磁敏感性与电磁易损性关系示意图

4. 抗扰性

抗扰性全称为"对骚扰的抗扰性"（immunity to a disturbance）,指的是敏感对象面临电磁骚扰不降低运行性能的能力。从抗扰性定义中可以看到,"扰"指的是电磁骚扰（electromagnetic disturbance）,与电磁干扰是两个不同的概念。电磁骚扰的含义更加广泛,指的是任何可能引起装置、设备或系统性能降低或者对生物或非生物产生不良影响的电磁现象。电磁骚扰强调起因,电磁干扰则是电磁骚扰的一种后果。设备的抗扰性和电磁敏感性是一对相反的概念:电磁敏感性越高,抗扰性就越低。

5. 电磁环境适应性

电磁环境适应性（electromagnetic environment adaptability,EEA）是对系统一种能力的定义。一方面,这种能力要求系统能够在预期电磁环境下实现规定功能或具有预期性能;另一反面,这种能力要求系统不对所在环境产生不可接受的电磁发射。

电磁环境适应性由相关试验确定和考核。电磁环境适应性试验由考核鉴定型试验和效能评估型试验两部分组成。其中,考核鉴定型试验应满足以下3个条件。

（1）可标定。试验产生的激励环境、作用于被试产品的电磁环境、被试产品感应的电磁能量应是可定量标定的。

（2）可复现。试验条件、试验数据与试验结果应当是可以重复的。

（3）具有物理意义。试验考核项目和指标应是从物理机理上反映被试品特性。

效能评估型试验更强调在考核鉴定试验基础上,尽可能模拟实际使用环境对被试品实施综合性评估,试验场地应尽可能模拟实际使用状态,环境激励尽可能与被试品使用时面临的环境激励源一致,应尽量创造条件对被试品实施动态试验,尤其是尽量贴近实际使用状态的综合性动态试验。

5.2　电磁环境确信可靠性分析

5.2.1　分析流程

电磁环境确信可靠性分析的流程与热环境、振动环境下的流程相似,包括建立性能方程、性能裕量方程、退化方程,进行不确定分析与量化,最后计算确信可靠性。

5.2.2　电磁性能方程

本章的研究对象是对电磁干扰敏感的电子产品,称为敏感对象。敏感对象对电磁环境的某种反应能力称为电磁性能。这种能力可以具体反映在多项指标上,具体包括电磁兼容性、电磁敏感性与电磁泄漏、电磁易损性、抗扰性以及电磁环境适应性等。不同指标之间既有区别也有联系。下面给出电磁性能指标的概念与内涵[2-3,6]。

1. 电磁性能指标的内涵

将电磁兼容性称为电磁性能的一级指标,其他电磁性能指标实际上是对电磁兼容性更加详细的划分,称为二级指标。本章将以电磁兼容性为主要指标,提供一种针对电子产品电磁性能的确信可靠性分析方法。

需要说明的是,由于电磁兼容性具有两方面内涵,即体现"不受外界电磁环境影响的"电磁敏感性或抗扰性,以及体现"不影响其他敏感设备或环境"的电磁泄漏,因此,直接对应于电磁兼容性的二级指标为电磁敏感性或抗扰性,以及电磁泄漏特性。将电磁敏感性与抗扰性称为"抗性"指标,将电磁泄漏特性称为"响应性"指标。

在工程实际中,响应性指标具有望小特性,一般情况下,总希望电子产品对外界的电磁辐射越小越好。而根据描述角度的不同,抗性指标有两种,一种是望大型抗性指标,电子产品的抗扰特性体现在自身性能上,此时,往往能够确定电子产品抗性指标的下限值;另一种是望小型抗性指标,此时电子产品的抗扰特性体现在环境因素上,这时得到的阈值往往是电子产品的电磁环境性能指标不满足要求的上限值。

对电磁性能指标的定量化描述是建立电磁性能裕量方程的基础。电磁性能指标本质上是对某电磁信号能量提出的具体要求,因此,电磁性能指标的定量化实际上是对电磁信号的数学描述。对于电磁性能指标,性能方程的通式可描述为 $P_E(\cdot)$。

通常情况下,某位置的电磁信号可以描述为时间 t、频率 f、传播方向 θ 以及与发射源距离 r 的函数。具体到电磁性能指标上,对于抗性指标,由于不考虑电磁信号的传播,因此,仅是关于与时间和频率的函数,用 $P_E(t,f)$ 表示;对于响应性指标,需要研究敏感设备发出的电磁波对环境的影响,即电磁波的传播效应,因此用 $P_E(t,f,\theta,r)$ 表示。

2. 电磁性能参数

对于电子产品的电磁性能,这里给出两个具体的电磁性能参数,即某部位的电场强度 E(V/m)和磁场强度 H(A/m)。根据不用的应用场景,E 和 H 既可作为对抗性指标的定量描述,也可作为对响应性指标的定量描述。例如,当讨论电子产品某部位能否抗住外界电磁信号干扰时,该处的 E 和 H 就是抗性指标;相反,当分析电子产品电磁谐振特性或产品由于内部激励而辐射的电磁信号时,E 和 H 就是响应性指标。

E 和 H 两个性能参数是麦克斯韦方程组的解。将式(5-22)写成拉普拉斯微分形式,则有

$$\nabla \times H(r,t) = \frac{\partial}{\partial t}D(r,t) + J(r,t) \tag{5-25a}$$

$$\nabla \times E(r,t) = -\frac{\partial}{\partial t}B(r,t) \tag{5-25b}$$

$$\nabla \cdot D(r,t) = \rho_v(r,t) \tag{5-25c}$$

$$\nabla \cdot B(r,t) = 0 \tag{5-25d}$$

式中:r 为位置矢量;t 为时间。可见,电场强度 E、磁场强度 H、电位移 D、磁通量密度 B、电流密度 J 和 ρ 都是位置矢量 r 与时间 t 的实变函数。

工程上,常将电磁场的时间变化函数简化处理,假设为简谐变化函数,如此一来,就可以利用复数量进行分析。一个复数量 U 和一个瞬时量 u 可以通过以下关系式相联系,即

$$u = \sqrt{2}\,\mathrm{Re}(Ue^{jvt}) \tag{5-26}$$

利用式(5-26),可以给出式(5-25)的时谐场表达式

$$\nabla \times H = jvD + J \tag{5-27a}$$

$$\nabla \times E = -jvB \tag{5-27b}$$

$$\nabla \cdot D = \rho_v \tag{5-27c}$$

$$\nabla \cdot \boldsymbol{B} = 0 \qquad (5\text{-}27\mathrm{d})$$

应当注意的是,式(5-27)的复数量是式(5-25)瞬时值的有效值,不再是时间的函数,但仍是位置的函数。工程中进行这种简化的原因为:①这些物理量通常是用有效值来标明或测量的;②复数功率和能量的方程能同它们的瞬时值对应方程保持同样的比例因子。

在式(5-27)所描述的麦克斯韦方程组中,前 3 个式子是独立的,第 4 个式子可以由前 3 个方程推出。而在式(5-27a)和式(5-27b)这两个方程中,每个方程均同时包含电场强度 $\boldsymbol{E}$ 和磁场强度 $\boldsymbol{H}$,因而无法独立求解。在实际求解时,需要借助式(5-28)的本构关系,即

$$\boldsymbol{D} = \overline{\overline{\varepsilon}} \cdot \boldsymbol{E} \qquad (5\text{-}28\mathrm{a})$$

$$\boldsymbol{B} = \overline{\overline{\mu}} \cdot \boldsymbol{H} \qquad (5\text{-}28\mathrm{b})$$

$$\boldsymbol{J} = \overline{\overline{\sigma}} \cdot \boldsymbol{E} \qquad (5\text{-}28\mathrm{c})$$

式中:本构参数 $\overline{\overline{\varepsilon}}$、$\overline{\overline{\mu}}$ 和 $\overline{\overline{\sigma}}$ 分别表示介质的介电常数(F/m)、磁导率(H/m)和电导率(S/m)。对于自由空间等各向同性简单介质,这些本构参数退化为标量。在自由空间中,有

$$\overline{\overline{\varepsilon}} = \varepsilon_0 \approx 8.85 \times 10^{-12}\,\mathrm{F/m}$$

$$\overline{\overline{\mu}} = \mu_0 \approx 4\pi \times 10^{-7}\,\mathrm{H/m}$$

而在一般各向同性介质中,$\overline{\overline{\varepsilon}} = \varepsilon_\mathrm{r}\varepsilon_0$,$\overline{\overline{\mu}} = \mu_\mathrm{r}\mu_0$,其中,$\varepsilon_\mathrm{r}$ 称为相对介电常量,μ_r 称为相对磁导率。特别地,对于非均匀介质,本构参数是位置矢量的函数。

将式(5-27a)和式(5-27b)与本构关系式(5-28)联立,并从中消去电场强度 $\boldsymbol{E}$ 和磁场强度 $\boldsymbol{H}$,可以得到以下只含一个未知量的二阶微分方程,即波动方程,即

$$\nabla \times \left(\frac{1}{\mu}\nabla \times \boldsymbol{E}\right) - v^2\varepsilon_\mathrm{c}\boldsymbol{E} = -\mathrm{j}v\boldsymbol{J}_i \qquad (5\text{-}29\mathrm{a})$$

$$\nabla \times \left(\frac{1}{\varepsilon_\mathrm{c}}\nabla \times \boldsymbol{H}\right) - v^2\mu\boldsymbol{H} = \nabla \times \left(\frac{1}{\varepsilon_\mathrm{c}}\boldsymbol{J}_i\right) \qquad (5\text{-}29\mathrm{b})$$

式中:$\boldsymbol{J}_i$ 为外加电流或源电流;ε_c 为感应电流 $\sigma\boldsymbol{E}$ 和位移电流 $\mathrm{j}\omega\boldsymbol{D}$ 的综合贡献,$\varepsilon_\mathrm{c} = \varepsilon - \mathrm{j}\sigma/\omega$。

在外加激励不为零时,式(5-29)两个方程的右端不为 0,此时的波动方程为非齐次矢量波动方程,也称为确定性问题;在外加激励为零时,式(5-29)两个方程的右端等于 0,此时称其为齐次矢量波动方程,也称为本征值问题。

5.2.3　电磁性能裕量方程

1. 电磁性能裕量方程

由于抗性指标具有望大特性或望小特性,响应性指标具有望小特性,当用 P_{Eth}

表示指标阈值时,抗性指标的裕量方程可以描述为

$$m_E(t,f) = \begin{cases} P_E(t,f) - P_{Eth} & (\text{若 } P_E \text{ 为 LTB}) \\ P_{Eth} - P_E(t,f) & (\text{若 } P_E \text{ 为 STB}) \end{cases} \quad (5-30)$$

而响应性指标的裕量方程为

$$m_E(t,f,\theta,r) = P_{Eth} - P_E(t,f,\theta_r) \quad (5-31)$$

在工程实际中,由于电磁易损性直接关系到系统和人员的安全,因此,往往需要在电磁易损频点处为电子产品设计足够的安全裕度,如图5-3所示。

安全裕度指的是敏感度阈值与环境中的实际干扰信号电平之间的相对数值之差,单位为dB。目前,国家军用标准《系统电磁兼容要求》(GJB 1389A—2005)指出,应根据系统工作性能的要求、系统硬件的不一致性以及验证系统设计要求时有关的不确定因素,确定安全裕度[4]。标准建议如下。

(1) 对于安全或者完成任务有关键性影响的功能,系统应具有至少6dB的安全裕度。

(2) 对于需要确保系统安全的电起爆装置,其最大不发火激励应具有至少16.5dB的安全裕度;对于其他电起爆装置的最大不发火激励应具有6dB的安全裕度。

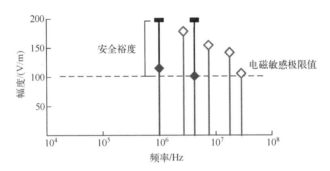

图5-3　安全裕度示意图(彩图见书末)

假设用 $P_E(t,f,\varphi)$ 表示电子产品的电磁敏感函数,其中,t 为时间,f 为频率,而 φ 表示影响系统特性的其他因素。以 $P_{Eth}(t,f,\varphi)$ 表示电磁敏感阈值,则系统的裕量方程 $m_E(t,f,\varphi)$ 可以表示为

$$m_E(t,f,\varphi) = P_E(t,f,\varphi) - P_{Eth}(t,f,\varphi) \quad (5-32)$$

如果取敏感系统的安全裕度为6dB,则敏感设备的工作性能可以根据 $m_E(t,f,\varphi)$ 的情况进行评价。

(1) $m_E(t,f,\varphi) \geqslant 6$,表示敏感系统不会受到干扰,并且可以安全、稳定地工作。

(2) $0 < m_E(t,f,\varphi) < 6$,表示敏感设备尚不会受到干扰,但是已不能满足安全裕

度的设计要求,极易受到干扰。

（3）$m_E(t,f,\varphi)=0$,表示敏感设备处于干扰临界状态,设备有可能受到干扰,安全裕度为0。

（4）$m_E(t,f,\varphi)<0$,表示敏感设备一定会受到干扰,此时 $m_E(t,f,\varphi)$ 的值可以度量干扰大小。

2. 裕量方程的建立方法

裕量方程的建立对象是某一具体电磁性能指标,通用流程如图 5-4 所示。

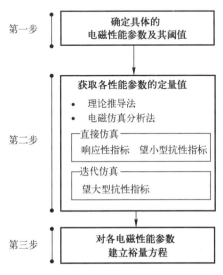

图 5-4　电磁性能裕量方程建立流程

第一步　根据实际需求,确定需要分析的电磁性能指标以及各指标的阈值。

例如,如果将电子产品的本征电场强度和本征磁场强度作为电磁性能指标,就要依据产品具体的使用场景、行业规范或国家标准,确定在无外加激励情况下,电子产品允许的最大本征电场强度和磁场强度的值,以此作为两种电磁性能指标的阈值。

第二步　获取电磁性能指标的定量值。

理论上,应根据具体的电磁性能方程,计算电磁性能指标的具体值。仍以本征电场强度和本征磁场强度为例,应令式（5-29）两个方程右端为0,求解下述两个二阶微分方程的解,从而获得本征电场强度和本征磁场强度的值,即

$$\nabla\times\left(\frac{1}{\mu}\nabla\times\boldsymbol{E}\right)-v^2\varepsilon_c\boldsymbol{E}=0 \tag{5-33a}$$

$$\nabla\times\left(\frac{1}{\varepsilon_c}\nabla\times\boldsymbol{H}\right)-v^2\mu\boldsymbol{H}=0 \tag{5-33b}$$

由于上述二阶微分方程中的变量往往是时间和位置矢量的函数,使得方程的求解比较困难,因此,在工程中可以选择仿真的方法获取电磁性能指标的定量值。

对于响应性指标和望小型抗性指标电磁仿真方法比较直接,即设置实际外部或内部激励,在仿真结果中提取关注部位的电磁性能参数定理值。

对于望大型抗性指标,仿真过程需要进行迭代。迭代仿真原理如图 5-5 所示。敏感对象具有相对固定带宽的敏感度阈值,典型敏感对象的带宽敏感度阈值可从软件平台的数据库中调用。这个阈值即为仿真分析的标杆。将发射源的发射频谱作为仿真输入,即可获得在该输入条件下敏感对象实际的敏感特性。将该敏感特性与敏感度阈值进行对比,就能判断该敏感对象能否承受输入的发射源信号强度。另外,通过调整输入的发射频谱,逐步使输出接近带宽敏感度阈值,即可找到敏感对象可承受的电磁信号强度的最大值。

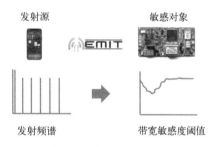

图 5-5　迭代仿真原理示意图

根据仿真原理,抗性指标的迭代仿真步骤如下。

（1）给定相对误差限 ε_0,并任取初始发射频谱 $G_0(i=0)$。

（2）以 G_i 为发射源输入进行仿真。

（3）如果每个频率上的敏感度响应均小于带宽敏感度阈值,且所有的差值均小于 ε_0,则输出 G_i,结束迭代;否则,进入（4）。

（4）更新发射频谱,$i=i+1$,跳转回（2）。

第三步　建立裕量方程

根据电磁性能参数的类型,将第一步确定的阈值和第二步获得的电磁性能参数的定量值代入式（5-30）或式（5-31）,为各电磁性能指标建立裕量方程。

5.2.4　电磁性能退化方程

1. 电磁性能退化方程

由于电磁环境等工作环境的持续作用与产品的持续运行,电子产品的电磁性能也会出现退化现象。前文中已指出,电磁性能指标分为抗性指标与响应性指标,分别表示为 $P_E(t,f)$ 和 $P_E(t,f,\theta,r)$。其中的参数 t 指的是指标本身随时间的变化,这种时变特性是电磁性能参数的固有特性,并不是由于性能退化带来的影响。

电磁性能退化的影响应体现在除时间 t 外的其他参数上。因此,对于抗性指标,电磁性能退化方程的通式为

$$P(t,t)=P_E(t,f(t)) \tag{5-34}$$

抗性指标 X 是时间 t 和频率 f 的函数,同时,f 也是时间的函数。第一个时间 t 体现的是电磁性能指标的固有特性,第二个时间 t 表示的是时间矢,体现的是退化特性。

同样地,对于响应性指标 X,电磁性能退化方程的通式为

$$P(t,t)=P_E(t,f(t),\theta(t),r(t)) \tag{5-35}$$

响应性指标 X 也是时间 t、频率 f、传播方向 θ 以及与发射源距离 r 的函数,同时,f、θ 和 r 都是时间矢 t 的函数。

2. 退化方程建立方法

获取某电磁性能参数退化规律的方法有两种:一种是故障物理模型推演法;另一种是性能退化试验法。下面介绍这两种方法的基本思想和主要步骤。

1)故障物理模型推演法

部分电磁故障物理模型属于时间模型,这样的模型会给出寿命时间 t 与某个电磁性能参数之间的关系。通过数学推演,可得到该电磁性能参数与时间 t 之间的函数关系,即该性能参数的某种退化规律。

下面以 MOSFET 器件的 TDDB 的阳极空穴注入模型(考虑电磁场的 $1/E$ 模型)为例,说明基于故障物理模型获取性能参数退化方程的方法。该故障物理模型的形式为

$$T_{BD}=\tau_0(T)\exp\left[\frac{G(T)}{\varepsilon_{ox}}\right] \tag{5-36}$$

式中:T_{BD} 为 MOSFET 的击穿前时间;T 为绝对温度(K);$\tau_0(T)$,$G(T)$ 均为与温度相关的常数。取玻尔兹曼常数 $k=8.62\times10^{-5}\mathrm{eV/K}$,则有

$$\tau_0(T)=5.4\times10^{-7}\exp(-0.28eV/kT)$$
$$G(T)=12+0.58/kT \tag{5-37}$$
$$\varepsilon_{ox}=\frac{V_{ox}}{X_{eef}}$$

式中:V_{ox} 为氧化层所加电压;X_{eef} 为有缺陷或薄弱点处的氧化层厚度。

介质层所加电场可以按下式计算,即

$$\varepsilon_{ox}=(1+XL)E_{ox} \tag{5-38}$$

式中:X 为电子磁化系数,为 2.9;L 为洛伦兹因子,对于 SiO_2,L 的均值是 $\frac{1}{3}$;E_{ox} 为

外加电场;ε_{ox}为电子穿越氧化层实际所承受的外场和极化电场的累加电场。该模型适用于 MOSFET 在强电磁脉冲引起的电介质击穿故障。

若此处的电磁性能参数为外加电场 E_{ox},在不考虑温度影响的情况下,即将绝对温度 T 看作常量,根据式(5-30)至式(5-32),可以推出 E_{ox} 关于击穿前与时间 T_{BD} 的函数关系,将 T_{BD} 替换成退化时间矢 t,即可得到 MOSFET 在强电磁脉冲下 E_{ox} 的退化规律,即

$$E_{ox} = \frac{12 + \dfrac{0.58}{kT}}{\left(\ln\dfrac{10^7 t}{5.4} + \dfrac{0.28 eV}{kT}\right)(1 + 2.9L)} \qquad (5-39)$$

故障物理模型推演方法具有经济和时间成本低的优势。但是,可以用于退化规律推演的故障物理模型数量有限,并且往往仅适用于特定器件在特定使用环境下某种特定故障机理发生时的场景,应用范围有限。

2)性能退化试验法

电磁性能退化试验是一种科学试验,其目的是探寻某一性能参数在某种特定工作环境和工作载荷下沿时间时矢的变化规律。在工程实际中,这种方法相比于故障物理模型推演方法,具有主观能动性,工程师可以根据自己电子产品的实际工作环境和载荷情况设计试验方案,最终能够找出相对准确的退化规律。

5.2.5 不确定性分析与量化

1. 不确定性的来源

对电磁性能的不确定性进行分析,首先需要明确其不确定性来源。由于本章将电磁兼容性作为电磁性能一级指标的分析对象,因此,讨论电磁性能的不确定性来源须着眼于电磁兼容分析的三要素,如图 5-6 所示。

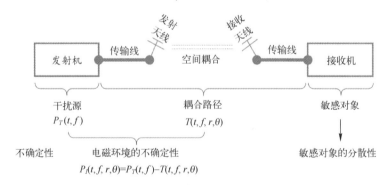

图 5-6 电磁兼容的三要素与电磁性能的不确定性来源

电磁兼容分析的三要素包括以下内容。

（1）干扰源。一般情况下指的是对敏感设备发出电磁干扰信号的发射机。

（2）耦合路径。具体包括由电源线缆、信号线缆、控制线缆组成的传输线系统，包括发射天线与接收天线的天线系统以及空间无线传输路径。

（3）敏感对象。即为敏感设备。

上述三要素均具有不确定性。首先，干扰源发出的电磁干扰信号具有波动性，并且干扰源的位置往往并不固定，即干扰源位置的移动也增加了不确定性。其次，耦合路径的不稳定性是其固有不确定性的主要来源。另外，在实际工程中，耦合路径的排查工作往往难度很大，这就使得建模过程中的耦合路径具有认知不确定性。最后，敏感对象由于工艺与生产差异带来的批次分散性也增加了敏感系统的不确定性。

由于站在敏感对象的角度，干扰源与耦合路径均属于电磁环境，因此，将电磁性能的不确定性来源总结为两个方面：①电磁环境的不确定性，具体包括干扰源和耦合路径的不确定性；②敏感对象的分散性。

电磁性能的不确定性度量即是对这两方面不确定性来源的分析与量化。

2. 不确定性的度量

1）电磁环境不确定性度量

干扰源在敏感对象处产生的有效电磁干扰功率可描述为

$$P_I(t,f,r,\theta) = P_T(t,f) - \mathrm{Tr}(t,f,r,\theta) \tag{5-40}$$

式中：$P_T(t,f)$ 为干扰源输出的干扰功率；$\mathrm{Tr}(t,f,r,\theta)$ 为传输函数，表示耦合路径对干扰信号的影响。

一方面，干扰源位置的不确定性体现在参数 r 与 θ 上，因此，将 r 与 θ 描述为随机变量 X_r 与 X_θ，分别服从概率分布 $\Phi_r(x)$ 与 $\Phi_\theta(x)$；另一方面，干扰源输出信号的不确定性由参数 f 决定，因此同理，将其描述为服从概率分布 $\Phi_f(x)$ 的随机变量 X_f。由于干扰信号的传输还具有时效性，因此，考虑不确定性的有效电磁干扰功率应描述为含有 3 个随机变量参数的随机过程，即 $X_t(x_r,x_\theta,x_f)$。

2）敏感对象分散性度量

在电磁环境中，敏感对象的分散性主要体现在两个方面：一方面是敏感对象结构上的分散性，如 PCB 板通孔位置、铜线布局、元器件相对位置等；另一方面是电气性能上的分散性，如最主要的 S 参数漂移。

将结构类参数用 $\boldsymbol{y}_s = \{y_{s_i}\}_{i=1}^{\infty}$ 表示，将电气性能类参数用 $\boldsymbol{y}_e = \{y_{e_j}\}_{j=1}^{\infty}$ 表示。将每一个参数描述成随机变量，从而度量敏感对象的分散性，即

$$X_s \sim \Phi_s, X_e \sim \Phi_e \tag{5-41}$$

其中，

$$X_s = \{X_{s_i}\}_{i=1}^{\infty}, X_e = \{X_{e_j}\}_{j=1}^{\infty}$$

$$\Phi_s = \{\Phi_{s_i}\}_{i=1}^{\infty}, \Phi_e = \{\Phi_{e_j}\}_{j=1}^{\infty} \qquad (5-42)$$

$$X_{s_i} \sim \Phi_{s_i}(x), X_{e_j} \sim \Phi_{e_j}(x) \qquad (i,j=1,2,\cdots)$$

5.2.6 确信可靠性计算

考虑不确定因素后,裕量方程式(5-28)和式(5-29)中的阈值和性能参数值都不再是确定变量,它们开始具有不确定性。其中,电磁性能参数值由于考虑了敏感对象的分散性,成为一个服从某概率分布的随机变量;而阈值由于电磁环境随机性的引入成为一个随机过程模型。两种随机性相互耦合的可能性就是敏感设备在考虑不确定性因素与电磁环境时变特性情况下不可靠的概率,如图5-7所示。

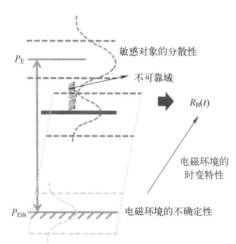

图 5-7 电磁性能的确信可靠性示意图(彩图见书末)

进而,以响应性电磁性能指标为例,电磁性能参数的确信可靠度计算通式为

$$R_B(t) = P\{m_E(t,f,r,\theta) > 0\} \qquad (5-43)$$

如果进一步考虑性能退化的影响,电磁性能的确信可靠度为

$$R_B(t,t) = P\{m_E(t,t,f,r,\theta) > 0\} \qquad (5-44)$$

对于不同类别的电子产品,由于分析颗粒度与关注重点的不同,电磁环境下的确信可靠性分析过程不尽相同,主要差异体现在两个方面:一是宏观性能不同;二是对各电磁性能参数意义下确信可靠度处理方法不同。

1. 元器件

在分析元器件级电子产品电磁环境下的确信可靠性时,一般重点关注对电磁干扰敏感的元器件,如电感、电容、MOS 器件及部分集成电路。元器件的功能一般比较单一,其电磁性能参数通常为抗性指标,即不考虑电子元器件对外界的电磁辐射,更多地是关注其对外界电磁环境的承受能力。

例如,某 MOS 器件中的 Si 衬底的雪崩击穿电场强度为 40MV/m,当以电场强度 E_{MOS} 作为 MOS 器件的电磁性能参数时,其电磁环境下的确信可靠度即为

$$R_B(t,\pmb{t}) = P\{40(MV/m) - E_{MOS}(t,\pmb{t}) > 0\} \tag{5-45}$$

2. 板级与设备级

对于板级和设备级的电子产品,除了需要关注 PCB 板上电磁敏感元器件的电磁性能参数外,还需要关注 PCB 板上与各板的信号串扰问题,对于由多块 PCB 板组成的设备,由于具有设备外壳,还需考虑设备的电磁屏蔽效能。因此,电磁敏感点不一定全是电子元器件,元器件焊点或引脚、PCB 板上的线路或者板间线缆都可能成为电磁环境可靠性分析的对象,并且,每个电磁敏感点可能对应多个电磁性能参数。

假设经过分析,某板级或设备级电子产品具有 n 个电磁敏感点,第 i 个点具有 k_i 个电磁性能参数。若第 i 个点的第 j 个电磁性能参数对应的电磁确信可靠度函数为 $R_{ij}(t,\pmb{t})$,则认为所有电磁性能参数满足串联模型,PCB 板或设备的电磁环境确信可靠度为

$$R_B(t,\pmb{t}) = \prod_{i=1}^{n} \prod_{j=1}^{k_i} R_{ij}(t,\pmb{t}) \tag{5-46}$$

5.3　案例分析

5.3.1　分析对象简介

本案例的研究对象是某个 BGA 封装芯片的信号传输结构,其三维模型如图 5-8 所示。整体呈现为一个不规则的刀片形状。最外层绿色的框状结构为 PCB 板,材料为 FR4。PCB 板内嵌入两个铜制金属层,即图中的深色区域。红蓝相间的金属细丝为金制导电细丝,作为信号的输入端。金制导电细丝的另一端与铜制导线相连,传递电信号,铜导线的末端为信号输出端。这些金属细丝与导线均印刻在 PCB 板内部。铜导线通过 PCB 板上的通孔结构与外部焊球相接。

本案例将忽略电磁环境对芯片信号传输结构造成的退化,首先建立裕量方程,然后通过仿真方法,度量输入信号的不确定性,最后分析并计算芯片信号传输结构在考虑输入信号不确定性时的 0 时刻确信可靠度。

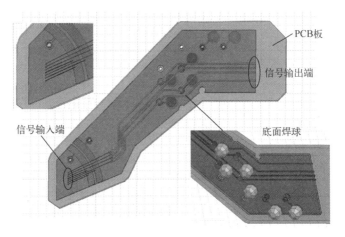

图 5-8　BGA 封装芯片的信号传输结构三维模型(彩图见书末)

5.3.2　裕量方程组的建立

模型的激励信号是一个宽频短脉冲信号,该信号从输入端进入,沿着金属细丝和铜导线迅速传递至输出端。传输的过程会使其周围金属材料内产生变化的电场与磁场。本案例正是以 PCB 板内两层铜制金属层上表面的电场强度最大值 $E_{\max}$ 和磁感应强度最大值 $H_{\max}$,即两个响应型电磁性能指标为例,对电磁确信可靠度计算进行举例说明。

完成电磁性能指标的确定后,就可以为这两个指标建立裕量方程组了。首先,这两个指标为望小型性能指标,故给定电场强度最大值和磁感应强度最大值的阈值分别为

$$\begin{cases} \overline{E} = 15\text{kV/m} \\ \overline{H} = 70\text{A/m} \end{cases} \tag{5-47}$$

则裕量方程组为

$$\begin{cases} m_E = \dfrac{\overline{E} - E_{\max}}{\overline{E}} = \dfrac{15000 - E_{\max}}{15000} \\[3mm] m_H = \dfrac{\overline{H} - H_{\max}}{\overline{H}} = \dfrac{70 - H_{\max}}{70} \end{cases} \tag{5-48}$$

虽然 $E_{\max}$ 和 $H_{\max}$ 均应为输入信号的函数,但本案例不具体探究输入信号与最大电场强度和最大磁感应强度之间的函数关系,而是应用基于仿真的方法确定 $E_{\max}$ 和 $H_{\max}$ 的值。

5.3.3 确定性输入信号的电磁场仿真

将案例的三维模型导入仿真软件 ANSYS HFSS,依次设置辐射边界、求解域以及两个参考面,一个与信号输入端接触且与 PCB 板面平行,另一个与焊球底端接触且与 PCB 板面平行,如图 5-9 所示。

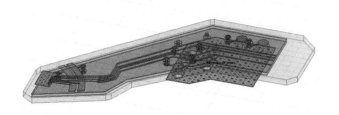

图 5-9 仿真三维模型与参考面设置(彩图见书末)

在激励窗口中将各金属细丝与铜导线设置为集总端口。将输入信号设置为宽频脉冲信号,并将最小频率设置为 1kHz,最大频率设置为 10GHz,如图 5-11 所示。可见,这是一个确定性的输入信号。

完成边界设置与输入设置后,即可开始运行计算。待运行成功并结束后,调出 PCB 板内两层铜制金属层上表面的电场和磁场的瞬态分布云图。图 5-10 和图 5-11 所示为 400ns 时的分布云图。

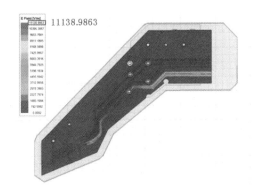

图 5-10 400ps 时的电场分布云图(彩图见书末)

由此可知,此时的裕量方程组为

$$\begin{cases} m_E = \dfrac{15000-11138.9863}{15000} = 0.257401 > 0 \\ m_H = \dfrac{70-51.3091}{70} = 0.267013 > 0 \end{cases} \tag{5-49}$$

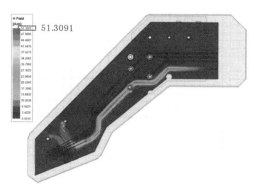

图 5-11　400ps 时的磁场分布云图(彩图见书末)

可见,最大电场强度裕量和最大磁感应强度裕量均大于 0。这意味着,对于这一次确定性输入仿真而言,两个电磁性能指标均满足要求。因此,在当前这一输入信号下,从电磁性能的角度分析,该结构是可靠的。

5.3.4　输入信号不确定性时的确信可靠度计算

由于宽频短脉冲信号的带宽具有不确定性,因此,实际的输入信号带宽并不是精准的 1kHz~10GHz,而是有一定范围的波动。本案例中,认为这种波动来源于输入信号带宽的固有不确定性,即是一种随机性,用概率论中的概率分布进行度量。

假设带宽的左端,即最小频率 $f_{\min}$ 是随机变量 ξ_l;带宽的右端,即最大频率 $f_{\max}$ 是随机变量 ξ_r,单位均为 Hz。二者均服从正态分布,即

$$\xi_l \sim \mathcal{N}(1\times10^3, 1.2\times10^2) ; \xi_r \sim \mathcal{N}(1\times10^{10}, 1.5\times10^9)$$

按照各自的分布,分别生成 103 个随机数,组成 103 对,构成 103 个随机带宽。对每组带宽值,进行 5.3.3 小节所述的仿真过程,得到每组带宽下在 400ps 时的电场强度最大值 $E_{\max}$ 和磁感应强度最大值 $H_{\max}$。10 组仿真数据如表 5-1 所列。

表 5-1　考虑输入信号不确定性的仿真数据(10 组)

序号	$f_{\min}$/Hz	$f_{\max}$/Hz	E/(V/m)	H/(A/m)	m_E	m_H
1	1.07049×10^3	1.087225×10^{10}	14414.748	20.9346	0.039	0.701

续表

序号	f_{min}/Hz	f_{max}/Hz	E/(V/m)	H/(A/m)	m_E	m_H
2	1.10010×10^3	1.051426×10^{10}	14705.0029	24.7551	0.020	0.646
3	9.43135×10^2	7.799881×10^9	11574.3076	33.0944	0.228	0.527
4	1.20684×10^3	1.142945×10^{10}	7732.4321	45.7759	0.485	0.346
5	1.02923×10^3	1.014429×10^{10}	12925.9912	40.123	0.138	0.427
6	1.02529×10^3	1.029794×10^{10}	13823.959	31.0231	0.078	0.557
7	1.03091×10^3	1.045833×10^{10}	14134.1943	25.5439	0.058	0.635
8	1.13690×10^3	1.030618×10^{10}	14128.1719	34.3483	0.058	0.509
9	1.14421×10^3	9.590386×10^9	2484.917	71.3432	0.834	**-0.019**
10	9.81697×10^2	8.502176×10^9	15197.3584	15.6438	**-0.013**	0.777

统计获取 $m_E>0$ 的组数 $\text{NUM}_{m_E>0}$ 与 $m_H>0$ 的组数 $\text{NUM}_{m_H>0}$，可为该案例分别计算得到以电场强度最大值为电磁性能指标的确信可靠度 R_1，以及以磁感应最大值为电磁性能指标的确信可靠度 R_2，即

$$R_1 = \frac{\text{NUM}_{m_E>0}}{103} = \frac{101}{103} = 0.980583$$

$$R_2 = \frac{\text{NUM}_{m_H>0}}{103} = \frac{100}{103} = 0.970874$$

那么，该芯片信号传输结构的电磁确信可靠度为

$$R_B = R_1 R_2 = 0.980583 \times 0.970874 = 0.952022$$

5.4　本章小结

本章主要介绍了电子产品在电磁环境下的确信可靠性分析方法，并以实际案例说明了工程上进行电磁确信可靠性分析的步骤。案例中所应用的电磁有限元仿真方法和仿真软件 ANSYSHFSS 是工程上常用的。进行不确定性分析时所采用的蒙特卡罗仿真可以编程实现，对随机数生成方法无特殊要求。这些方法对电磁环境下电子产品确信可靠性分析过程都是适用的。

参考文献

[1]　苏东林,陈爱新,谢树果.电磁场与电磁波[M].北京:高等教育出版社,2009.
[2]　苏东林.系统级电磁兼容性量化设计理论与方法[M].北京:国防工业出版社,2015.
[3]　中国人民解放军总装备部电子信息基础部.电磁干扰与电磁兼容性术语:GJB 72A-2002

[S]．北京：总装备部军标出版发行部，2003：5．

[4] 中国人民解放军总装备部电子信息基础部．系统电磁兼容性要求：GJB 1389A-2005[S]．北京：总装备部军标出版发行部，2005：10．

[5] 孙犇，王玮，梁克，等．载人航天器与伴随卫星间射频系统电磁兼容性分析方法[J]．中国空间科学技术，2020．

[6] 全国无线电干扰标准化技术委员会．电工术语电磁兼容：GB/T 4365-2003[S]．北京：中国标准出版社，2004：4．

[7] 康锐，等．确信可靠性理论与方法[M]．北京：国防工业出版社，2020．

第6章

故障行为建模

可靠性与风险密切相关,电子产品的故障机理也是其发生退化的根本原因,本章所介绍的故障行为建模方法是从产品的单点故障机理过渡到系统故障行为乃至风险的理论基础。本章介绍电子产品故障机理以及故障行为的概念和内涵、故障行为模型的概念以及故障树建模方法存在的问题,提出利用故障机理树来进行系统故障行为建模的新方法,并以实际案例说明如何利用故障机理树进行系统建模和求解故障发生的动态概率。

6.1 概念与内涵

6.1.1 故障机理与性能退化

性能退化是电子产品故障行为中的一种主要行为。产品的性能退化是普遍存在的,是一种由某些内部因素与外部因素共同驱动的动态过程,退化的最终结果往往是产品某些功能的丧失,即故障。从故障物理学的角度,通过研究造成产品失效的故障机理,可以分析电子产品的性能退化规律。

故障机理指的是引发故障的物理、电学、化学、力学或其他过程。故障机理从微观方面阐明故障的本质、规律和原因,可以追溯到原子、分子尺度和结构上的变化[1]。故障机理不同于故障模式,故障模式是零部件、子系统或整个系统不能实现某种功能的某种表现方式,这种表现方式通常能够通过肉眼观察,或通过简单的仪器仪表检测获得。

按照动态特性,故障机理可以分为退化型、冲击型或者冲击退化复合型[1]。退化型故障机理是指产品的一个或者多个参数,或者产品的某些局部特性发生退化性变化直至达不到规定的要求而故障。在工程上,又将退化型故障机理称为耗损型故障机理,某些故障机理,如疲劳,在从裂纹萌生到扩展的过程中,无法通过监测某个参数来表征其发展的过程,但这并不说明疲劳就是突变的,目前人们暂时未发现可以很好地表征这种故障机理的性能参数。因此,疲劳类的故障机理也属于退化故障机理。

冲击型故障机理是指产品在超过其容限的应力作用下而发生突然故障的机制,又称为过应力型故障机理。过应力是一个突变的过程,且在最后一次造成故障的应力到来之前,可能已经有多次应力作用于产品,每次都不会对产品造成任何损伤,这是过应力型故障机理的一种假设。

更多情况下,每次应力或者冲击的作用,都会对产品产生一定的影响,如果造成性能参数的退化或者耗损,这种故障机理就称为冲击退化型故障机理。冲击退化型故障机理是指产品在多次冲击作用下逐步损伤或者退化,直至最后一次冲击引起失效的过程。

通过研究故障机理与性能参数之间的关系,可以获取一定环境条件下电子产品特定性能参数的退化规律。

6.1.2　故障行为的概念

故障行为是系统或系统的一部分相对于它的环境,随时间表现出来的,可从外部探知的,由"能够"到"不能"完成规定功能的状态变化过程。故障行为是系统自身的特性偏离其预定功能的变化,这种变化是系统内部特性及其变化和外部环境刺激下对系统组分及其特性、结构和系统整体特性的影响。内部特性及其变化包括系统组分之间的合作、竞争、矛盾等,以及组分特性或组分关系方式的改变;外部环境刺激包括环境的变化及环境与系统之间的相互作用关系。

故障与故障行为的区别与联系在于,故障是系统某一时刻的状态,而故障行为是所不期望系统的状态变化。前者是系统异常状态的静态描述,后者是系统异常状态的动态描述。故障行为具有以下特性。

1. 动态性

正如运动是行为的基本特征一样,动态性是故障行为的基本特征。也就是说,用于描述故障行为的状态变量是时间的函数,或者表示故障行为的系统性能参数是时间的函数。动态性包括连续型或离散型两种方式,连续型和离散型的描述方法还分别包括确定性和不确定性。

2. 整体性

故障行为的整体性包括两个方面:一方面多个产品组成的整体所表现出来的统计特性;另一方面单个产品作为一个整体(系统)所表现出来的故障行为,即单个产品是由各部分组成的,各部分间的相互作用以及和环境的相互作用,使得单个产品呈现出来的状态变化。

3. 相关性

故障行为也可以是产品组成部分的故障行为,由于产品具有层次性,组成部分之间具有各种相互作用关系,所以故障行为具有相关性,它包含故障行为的传播性和层次性。故障行为的产生是内因与外因相互作用产生的,产品内部组成要素的相关性造成了不同层次间产品故障行为的相关性。

根据外部能够探知和获取的现象,故障行为可以分为以下几种。

(1) 突发行为。若产品在工作或储存过程之中,一直保持或基本保持所需要的功能,但在某一时刻的某一瞬间,这种功能突然完全丧失,则称这个过程为突发故障行为。

(2) 退化行为。若产品在工作或储存过程中,产品的功能随着时间的延长而逐渐缓慢地下降(这个过程是可观测和识别的),直至无法正常工作,即产品的功能/性能参数不可逆转地变化至允许范围之外,则称这个过程为退化行为。

(3) 间歇行为。若产品在工作或储存过程中,产品的功能出现时好时坏的现象,即产品的功能/性能参数时而在允许范围内,时而在允许范围外,这种行为称为间歇行为。

6.1.3　故障行为模型

故障行为是系统一类特殊的状态演化,也是一个不可逆过程(不考虑维修)。故障行为可以应用连续与离散、确定与随机、线性与非线性等数学方法来描述。

故障行为模型就是描述行为主体的性能参数(集)与组成行为主体的各部分材料、结构、载荷(激励)、时间等关系的数学模型。这些性能参数若超出某个阈值,会导致产品发生故障。故障行为模型描述了行为主体的状态随时间变化而不断变化的动态过程。对于电子产品而言,故障行为描述了产品的输出性能参数(集)与组成电子产品的各个部分材料、结构、载荷、时间的关系,其数学表述如图 6-1 所示。

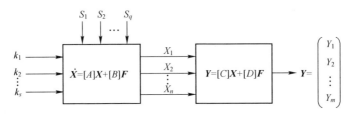

图 6-1　电子产品故障行为模型形式化表示

图 6-1 中:$X=(X_1(t),X_2(t),\cdots,X_n(t))$ 为电子产品单元状态向量;$Y=(Y_1(t),Y_2(t),\cdots,Y_m(t))$ 为电子产品输出功能或性能参数的状态向量;F 为电子产品激励向量;$[A]$、$[B]$、$[C]$、$[D]$ 均为常数矩阵;$\{k\}=(k_1,k_2,\cdots,k_s)$ 为影响电子产品电路结构的因素集合;$\{S\}=(S_1,S_2,\cdots,S_q)$ 为影响电子产品电学参数的因素集合。

$\dot{X}=[A]X+[B]F$ 和 $Y=[C]X+[D]F$ 统称为电路的状态方程,$(X_1(t),X_2(t),\cdots,$ $X_n(t))$ 为电子产品单元状态变量,主要由独立的电容电压和电感电流组成,$\dot{X}$ 为单元状态向量的一阶导数。通过对单元状态方程 $\dot{X}=[A]X+[B]F$ 进行求解,可得到单元状态向量 X,Y 为电子产品系统状态向量,即电路的输出参数,由单元状态变量和激励的线性组合确定,用以表征产品的故障行为。

故障行为模型可以分为单元故障行为模型和产品故障行为模型两类。其中,单元故障行为模型是描述组成产品的元器件、部件或者电路模块的性能参数(集)与其材料、结构、载荷(激励)、时间等关系的数学模型;产品级故障行为模型是描述电子产品的性能参数(集)与组成它们各部分的材料、结构、载荷(激励)、时间关系的数学模型。

故障行为的建模方法可分为两种:一种是基于外部性能参数观测的方法;另一种是基于故障演变因果关系的建模方法。基于外部性能参数观测的建模方法是在对外部观测的数据回归分析的基础上建立的定量描述系统(产品)性能参数、故障发生概率与系统内外因素动态关系的数学函数模型。

基于故障演变因果关系的建模方法以各独立故障模式或者故障机理为出发点,将系统的结构和故障之间的关系抽象为逻辑动态关系,从而建立起系统各组成部分的故障与系统故障行为之间的关系。这种建模方法注重对产品内部故障演变关系的描述。在明确单点状态的传播、演变、消亡关系的基础上,建立起反映实际产品的各种特征、各个层次及层次之间故障行为的动态演变关系。基于故障演变因果关系的建模方法比较有代表性的就是故障树和故障机理树方法。

6.1.4 基于故障树的建模方法

1961 年美国贝尔实验室在"民兵"导弹的发射控制系统风险分析中首先应用 FTA 技术,并获得成功。1966 年开始,美国波音公司将 FTA 技术应用于民用飞机领域;1974 年美国原子能委员会在核电站安全评价报告中主要应用的方法就是 FTA 技术。这种图形化的方法从其诞生开始就显示了巨大的工程实用性和强大的生命力。随着计算机技术的发展,这种方法如今已经渗入到各个工程领域,并逐步形成了完整的理论、方法和应用分析程序。

故障树是用于表明产品有哪些组成部分的故障,或外界事件或它们的组合将导致产品发生给定故障的逻辑图[2]。FTA 方法是运用演绎法逐级分析,寻找导致某种故障事件(顶事件)的各种可能原因,直到最基本的原因,并通过逻辑关系的分析确定潜在的硬件、软件的设计缺陷。故障树除了用于改进设计外,还可用于查找故障线索、开展事故分析等。由定义可见,故障树是一种逻辑因果关系图,构图的元素是事件和逻辑门,表 6-1 所列为故障树常见的事件符号,表 6-2 所列为故障

树常见的逻辑符号。图中的事件用来描述系统和单元部件故障的状态,逻辑门把
事件联系起来,表示事件之间的逻辑关系。

表 6-1　故障树常见的事件符号

符号分类	符　号	功　能	说　　明
事件符号	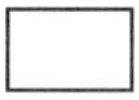 ▭	中间事件	底事件(基本事件和未展开事件)以外的其他事件(包括顶事件和中间事件)的说明
	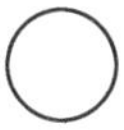 ○	基本事件	不能再分的事件,代表元器件故障
	 ◇	未展开事件	其输入无需进一步分析或无法进一步分析的事件
	 ⌂	初始事件	最初发生的事件
	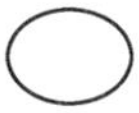 ⬭	条件事件	事件要具备一定条件才会发生
	 △	转移符号	已在本故障树另外地方定义了的事件

表 6-2　故障树常见的逻辑符号

符号分类	符　号	功　能	说　　明
逻辑门符号	 ∩	与门	全部输入存在时才有输出
	 ⌄	或门	至少一个输入存在时即有输出
	 ⍋	异或门	当且仅当一个输入存在时才有输出
	 ⊖	非门	输出等于输入的逆事件
	 ⬡	禁止门	若禁止条件成立,即使有输入也无输出
	 k/n	表决门	n 个输入中至少有 m 个存在时择优输出

为克服传统静态故障树在处理存在顺序相关、故障恢复、冷/热储备等特征的
系统(如计算机容错系统)时的局限性,美国弗吉尼亚大学的 J. B. Dugan 教授等引

进优先与门、冷储备门、功能相关门和顺序执行门 4 种动态逻辑门,扩展得到动态故障树(dynamic fault tree,DFT)[3-4]。表 6-3 所列为动态故障树的逻辑门及其说明。

表 6-3　动态故障树的逻辑门及其说明

符号分类	符　号	功　能	说　明
动态逻辑门符号		优先与门	输入事件必须按照特定的顺序发生,它的输出事件才发生
	CSP	冷储备门	包括一个主输入事件和若干个储备输入事件,储备在主输入运行期间不通电、不运行;输入故障后,第一个储备输入通电运行,代替主输入;第一个储备输入故障后,才启动第 2 个储备输入;以此类推,当所有的输入都故障后,门的输出事件才发生
	trigger FDEP	功能相关门	相关基本事件与触发事件功能相关,当触发事件发生时,相关事件被迫发生,相关事件以后的故障树对系统没有进一步的影响,不再考虑
	SEQ	顺序执行门	强制所有输入事件按指定的顺序发生,即从左到右的顺序。与 PAND 门不同的是,SEQ 门只允许输入事件按预先指定的顺序发生,而 PAND 门检测输入事件是否按预先指定的顺序发生

DFT 虽然能够描述系统的部分动态行为,如时间相关性、事件发生时序等,但仍无法描述系统全部的动态行为,包括系统故障行为,还需要研究其他的动态建模方法,以弥补 DFT 方法的不足。

6.2　故障机理及相关关系

6.2.1　电子产品的主要故障机理

疲劳现象是电子产品故障中最常见的现象之一。其中,由于循环温度持续作用而造成电子产品某些部位产生疲劳裂纹的故障机理叫做热疲劳。热疲劳现象通常发生在电子产品的焊接或连通部位。由于温度造成的焊点失效,是表面封装电子器件的主要失效原因。电子器件在使用过程中,环境温度会发生变化,芯片的功率循环也会使周围温度发生变化,而芯片与基板之间的热膨胀系数存在差异,因此在焊点内产生热应力而造成疲劳损伤。

电子产品的焊接部位容易受到振动的作用而发生故障。振动引发的结构故障机理主要有两个方面：

（1）过应力失效。即结构在某一激振频率下产生幅值很大的响应,最终因振动加速度超过结构所能承受的极限加速度而破坏,或者由于冲击所产生的应力超过结构的强度极限而使结构破坏。

（2）疲劳损伤。振动引起的应力虽然远低于材料在静载荷下的强度,但由于长时间振动或多次冲击,材料内部存在应力循环,经过一定的应力循环次数后形成裂纹,裂纹扩展后,结构断裂,从而导致结构的失效。

集成电路是重要的电子元器件,其芯片上常见的故障机理有热载流子注入、栅氧化层介质击穿、电迁移等。热载流子注入常会造成氧化层中的电荷增加或波动不稳。栅氧化层击穿分为瞬时击穿和与时间相关的介质击穿(time dependent dielectric breakdown,TDDB)。瞬时击穿是在施加较大的电压后,立刻就发生的击穿,是一种过应力型的故障机理。TDDB 是在所施加的电场低于栅氧的击穿场强的情况下,经历一定时间后发生的击穿现象,它是一种退化型故障机理。电迁移是当器件工作时,金属互连线的铝条内有一定的电流通过,金属离子会沿导体产生质量的运输,其结果会使导体的某些部位出现空洞或晶须(小丘),造成器件的断路或者短路现象。

电子产品存放在高温、高湿环境中会产生铝的化学腐蚀。如果铝暴露在干燥空气中,会在表面形成一层氧化铝薄膜,这会对铝膜形成保护从而不再发生氧化,避免化学腐蚀的产生。电子元器件的使用、储存环境是与潮湿环境密切相关的,因此电子元器件的主要腐蚀效应为电化学效应。腐蚀对封装的影响主要是在封装的外壳与元器件的引线框架之间发生的,对芯片的腐蚀主要针对芯片上的金属化线。

电磁环境下所产生的最直接效应就是电磁干扰。电磁干扰通过两条途径进行传播。一条是传导干扰,是指干扰信号通过导电介质或公共电源线相产生干扰,这种类型的干扰要求在干扰源和接收器之间有一个完整的电路连接。第二条途径为辐射干扰,干扰信号通过空间耦合传给另一个网络或电子设备。其表现为近场的静电感应与电磁感应以及远场的辐射电磁波干扰。

6.2.2　故障机理相关

电子产品的内部结构与材料在外部环境和载荷的作用下,可能发生退化、耗损故障、过应力等各种类型的故障机理,随着对故障机理认识的深入,人们发现故障机理并不是独立的,产品的故障则是各类故障机理共同作用的结果。由于故障机理的相关关系非常复杂,早期研究中通常将其简化为相互独立的关系来处理,产品的寿命由故障时间最短的机理来决定,称为"最薄弱环节"假设。很显然,这种假设并不合理。研究故障机理的相关性,是实现从故障物理到系统行为的必由之路。在统计方法中,由于统计数据不独立,许多学者研究了故障模式相关性和功能相关性。本章所研究的故障机理相关性,是在故障物理基础上,故障机理之间在物理方面的相互依赖关系。

电子产品的故障机理相关关系是广泛存在的,图6-2所示为包含MOS工艺的数字集成电路、模拟集成电路、连接器、液晶显示部件、PCB等部件在内的电路模块在温度、振动、辐射、潮湿等环境条件和电载荷作用下的故障机理。

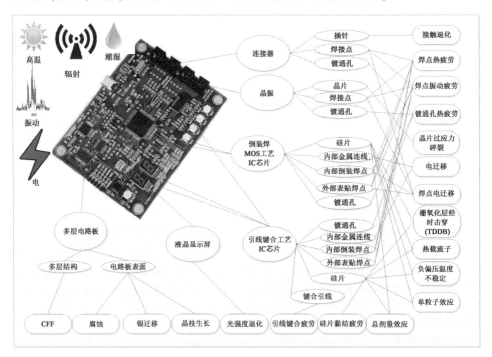

图6-2 信号处理电路模块的故障机理(彩图见书末)

由图6-2可见,产品组成元器件的故障机理数量是相当庞大的,一个元器件可能存在多种故障机理,不同的元器件可能有相同的故障机理,但它们的发生、发展时间可能并不相同。功能相同、工艺不同的元器件、零部件的故障机理也有差异。研究表明,电子产品中的故障机理,包括由于温度循环造成的焊点故障、镀通孔疲劳及电迁移等,这些故障通过传播最终会导致产品的故障。

6.2.3 典型的故障机理相关关系

故障机理有6种物理相关关系,即竞争、触发、促进、抑制、损伤累加和参数联合[5],下面对这些相关关系的定义、计算公式进行说明。

1. 竞争

假设一个系统存在若干个独立发展的故障机理,每个机理都会导致整个系统故障,部件或者系统的故障时间由这些故障机理中发展最快的那个决定,称这些故障机理之间存在竞争关系。竞争关系中的故障机理在物理因素上没有相关关系,但是从系统的故障角度出发,系统故障时间与这些故障机理发生时间有一定的关系,因此,竞争是从系统层面上来讲的一类特殊的故障机理相关关系。

假设有 n 个故障机理 $m_i(i=1,2,\cdots,n)$。记第 i 个故障机理发展到引起系统故障的时间为 $t_i(i=1,2,\cdots,n)$,那么这 n 个故障机理在竞争规则下,系统的故障前时间 ς 为

$$\varsigma = \min\{t_1,\cdots,t_i,\cdots,t_n\} \tag{6-1}$$

设系统内各个故障机理的概率密度函数(probability density function,PDF)为 $f_i(t)$,那么系统在 t 时刻的累积概率分布函数可以表示为

$$
\begin{aligned}
F(t) &= P(\varsigma \leqslant t) = 1 - P(\varsigma > t) \\
&= 1 - P(t_1 > t, t_2 > t, \cdots, t_n > t) \\
&= 1 - \prod_{i=1}^{n}\left[1 - P(t_i \leqslant t)\right] \\
&= 1 - \prod_{i=1}^{n}\left[1 - \int_0^{t_i} f_i(t)\,\mathrm{d}t\right]
\end{aligned} \tag{6-2}
$$

2. 触发

产品中被触发的新故障机理,可能是由系统外部随机事件(触发事件)引发,也可能是由系统内部故障所引发。元器件或者电子产品上部件的故障机理发展到某一程度(触发事件),可能会改变周围环境、载荷、结构、材料特性,从而触发其他故障机理,这就是故障机理之间的触发关系。

假设故障机理 m_a 独立发展时,造成系统故障的时间为 t_a,且经过时间 t_{ra} 后,故障机理发展到一定程度(触发事件 C),即触发 n 个新的故障机理 $m_i(i=1,2,\cdots,n)$。记第 i 个故障机理发展到引起系统故障的时间为 $t_i(i=1,2,\cdots,n)$,若故障机理 m_a 与其触发的新机理之间是竞争的关系,那么系统的故障前时间 ς 可以表示为

$$\varsigma = \min\{t_a, t_{ra}+t_1, t_{ra}+t_2, \cdots, t_{ra}+t_n\} \tag{6-3}$$

当 $t < t_{ra}$ 时,系统在 t 时刻的累积分布函数(cumulative distibution function,CDF)为

$$F(t) = F_a(t) \tag{6-4}$$

式中:$F_a(t)$ 为故障机理 m_a 的 CDF。

当 $t > t_{ra}$ 时,系统在 t 时刻的 CDF 为

$$F(t) = 1 - P(t_a > t, t_{ra}+t_1 > t, t_{ra}+t_2 > t, \cdots, t_{ra}+t_n > t)$$

$$= 1 - \left[\, 1 - P(t_a \leq t)\,\right] \prod_{i=1}^{n} \left[\, 1 - P_i(t_{ra} + t_i \leq t)\,\right]$$

$$= 1 - \left[\, 1 - F_a(t)\,\right] \prod_{i=1}^{n} \left[\, 1 - F_i(t - t_{ra})\,\right]$$

$$= 1 - \left[\, 1 - \int_0^t f_a(t)\,\mathrm{d}t\,\right] \prod_{i=1}^{n} \left[\, 1 - \int_0^{t-t_{ra}} f_i(t)\,\mathrm{d}t\,\right] \tag{6-5}$$

式中：$f_a(t)$ 为故障机理 m_a 的 PDF；$F_i(t)$ 和 $f_i(t)$ 分别为被触发机理的 CDF 和 PDF。

3. 促进与抑制

某一故障机理通过影响周围的环境或载荷，加快或减缓了其他故障机理的发展速率，称这两种故障机理之间存在促进或者抑制的关系。

以促进关系为例，假设当故障机理 m_b 发展到一定时间 t_r 后，开始促进故障机理 M_b 的发展。假设不被促进时，故障机理 M_b 所导致的系统故障时间为 t_1；被促进后，故障机理 M_b 的发展速率变快，以该发展速率导致系统故障的时间为 t_1'。对于机理 M_b 来说，前后经历了两个阶段，即促进之前以正常发展速度发展 t_r 时间、促进之后又发展 t_{r1} 时间后导致系统故障。则系统的故障前时间为

$$\varsigma = t_r + t_{r1} \tag{6-6}$$

其中，

$$t_{r1} = \left(1 - \frac{t_r}{t_1} \right) \times t_1' \tag{6-7}$$

则

$$\varsigma = t_r + t_{r1} = t_r + \left(1 - \frac{t_r}{t_1} \right) \times t_1' \tag{6-8}$$

系统的 CDF 为

$$\begin{aligned} F(t) &= P(\varsigma \leq t) = 1 - P(\varsigma > t) \\ &= 1 - P(t_r + t_{r1} > t, \cdots, t_r + t_{rn} > t) \\ &= 1 - \prod_{i=1}^{n} \left[\, 1 - F_{ri}(t - t_r)\,\right] \\ &= 1 - \prod_{i=1}^{n} \left[\, 1 - \int_0^{t-t_r} f_{ri}(t)\,\mathrm{d}t\,\right] \end{aligned} \tag{6-9}$$

式中：$F_{ri}(t)$，$f_{ri}(t)$ 分别为被促进机理的 CDF 和 PDF。

4. 损伤累加

故障机理间损伤累加关系是指，两种或多种故障机理相互独立，它们对元器件的同一部位造成相同类型的损伤，以累加的方式共同造成对元器件的影响。

假设有 M_A、M_B 两种机理在同一部位均造成同种类型的损伤（损伤阈值为 D_{th}），t_A 是机理 M_A 单独作用时的故障时间，$\Delta d_1 = 1/t_A$ 表示机理 M_A 单独作用下对

该部位产生的单位损伤量，t_B 是机理 M_B 单独作用时的故障时间，$\Delta d_2 = 1/t_B$ 表示机理 M_B 单独作用下对该部位产生的单位损伤量，则总单位损伤量为

$$\Delta d = \lambda_A \cdot \Delta d_1 + \lambda_B \cdot \Delta d_2$$

式中：λ_A，λ_B 分别为机理 M_A 和机理 M_B 对该部位的损伤因子。当总损伤量达到阈值 D_{th} 时，系统发生故障。

设系统故障时间为 ς，则损伤阈值可写为

$$D_{th} = (\lambda_A \cdot \Delta d_1 + \lambda_B \cdot \Delta d_2) \cdot \varsigma \tag{6-10}$$

则有

$$\varsigma = \frac{D_{th}}{\lambda_A \cdot \Delta d_1 + \lambda_B \cdot \Delta d_2} = \frac{D_{th}}{\lambda_A \cdot \dfrac{1}{t_A} + \lambda_B \cdot \dfrac{1}{t_B}}$$

$$= \frac{D_{th} \cdot t_A \cdot t_B}{\lambda_A \cdot t_B + \lambda_B \cdot t_A} \tag{6-11}$$

系统 CDF 为

$$F(t) = P\{\varsigma \leqslant t\} = P\left\{\frac{D_{th} \cdot t_A \cdot t_B}{\lambda_A \cdot t_B + \lambda_B \cdot t_A} \leqslant t\right\} \tag{6-12}$$

5. 参数联合

故障机理间的参数联合关系是指两种或多种故障机理独立发展，但是它们会造成产品或部件的同一性能参数的同向或异向的变化，即两个故障机理或者同时造成性能参数的增大或减小，或者一个故障机理造成性能参数增大，另一个故障机理造成性能参数减小。

假设机理 M_C、机理 M_D 均造成系统性能参数 X_{MAPA} 发生变化，且当 X_{MAPA} 大于阈值 X_{th} 时，系统发生故障。定义参数 X_{MAPA} 的单位变化量为 ΔX。t_C 是机理 M_C 单独作用时的故障时间，$\Delta X_1 = 1/t_C$ 表示机理 M_C 单独作用下使得参数 X 产生的单位变化，t_D 是机理 M_D 单独作用时的故障时间，$\Delta X_2 = 1/t_D$ 表示机理 M_D 单独作用下使得参数 X_{MAPA} 产生的单位变化。有 $\Delta X = \lambda_C \cdot \Delta X_1 + \lambda_D \cdot \Delta X_2$，其中 λ_C、λ_D 分别为机理 M_C 和机理 M_D 对该参数的影响因子。则系统故障时间为

$$\varsigma = \frac{X_{th}}{\lambda_C \cdot \Delta x_1 + \lambda_D \cdot \Delta x_2} = \frac{X_{th}}{\lambda_C \cdot \dfrac{1}{t_C} + \lambda_D \cdot \dfrac{1}{t_D}}$$

$$= \frac{X_{th} \cdot t_C \cdot t_D}{\lambda_C \cdot t_D + \lambda_D \cdot t_C} \tag{6-13}$$

参数联合和损伤累加关系非常类似，两者实际上是可以相互转化的。当元器件或部件的损伤量可用某种性能参数表征时，故障机理造成损伤的累加就体现为

这种表征参数的联合关系。

6.2.4 故障机理相关关系实例

电子产品中有许多故障相关关系的实例。首先,竞争关系是一种最为普遍的相关关系,相互竞争的故障机理本身虽然独立,但它们的竞争结果决定了系统的故障时间和故障概率。例如,铝电解电容器常见的故障模式主要包括漏液、炸裂、开路及击穿等,其对应的可能的故障机理如表6-4所列。其中,分别造成这4种故障模式的故障机理 M_1、M_2、M_3 和 M_4 之间具有竞争关系。

表6-4　铝电解电容器常见故障模式与对应的可能故障机理

故障模式	故障机理	故障机理符号
漏液	橡胶老化龟裂	M_1
炸裂	氧化膜介质缺陷	M_2
开路	电极引出线的电化学腐蚀	M_3
击穿	阳极氧化膜破裂	M_4

触发关系在电子产品中很常见。例如,潮湿环境下,电容器中的银离子迁移使电容器边缘表面绝缘电阻显著下降,引起电晕放电,最终导致极间表面飞弧击穿。在这个例子中,银离子迁移和飞弧击穿这两个故障机理存在触发关系。电路板中,由于故障而异常发热的器件,通过对流换热等形式,加快周围其他器件与热相关的故障机理的发展速率,两者存在促进的关系。类似地,电路中由于故障而异常发射电磁波的器件,通过电磁干扰的方式,影响周围器件的电压或者电流,从而加快与电相关的故障机理的发展速率,也是促进关系的例子。

抑制关系在电子产品中也是存在的。例如,砷化镓(GaAs)金属半导体场效应晶体管(MESFET)中,金属和 GaAs 之间或钝化层和 GaAs 之间界面的表面态密度增加,会降低漏/栅区的有效电场,从而导致耗尽区宽度的增加,这种故障机理称为"表面态效应"。表面态效应的产生会增加击穿电压,抑制过电压击穿的发生,提高抗烧毁能力。在这个案例中,表面态效应抑制了过电压击穿机理的发生。

在电子元器件中,具有损伤累加关系的最典型的一组故障机理是热疲劳和振动疲劳。对于许多电子元器件,如电容器、电感器、电阻器等,持续的热应力和振动应力均可造成器件连接部位"开裂"故障。其中热应力和振动应力分别引发了热疲劳和振动疲劳两种故障机理。因此,如果视电子元器件的开裂程度为一种损伤程度,则器件的损伤量等于热疲劳和振动疲劳单独作用下各自损伤量在一定法则下累加值。例如,航天器在发射升空过程中对电子产品产生的振动损伤以及电子产品在太空中承受的温度循环损伤存在一种顺序的累加关系。

参数联合关系的典型例子是,MOS 器件的热载流子注入(hot carrier injection,HCI)和负偏压温度不稳定(negative bias temperature instability,NBTI)两种故障机理都对器件的阈值电压漂移有贡献。器件的阈值电压漂移说明在 SiO_2 和 Si 的界面有正电荷出现,而 HCI 和 NBTI 效应过程中都会对正电荷形成有贡献,因此器件的阈值电压退化是由这两种效应共同作用引起的。另一个例子是,在液体钽电解电容器中,可能引起电参数退化的故障机理主要包括电解液的消耗、储存条件下电解液中的水分通过密封橡胶向外扩散以及工作条件下水分产生电化学离解等。这3 种故障机理的损伤累加关系可以体现在电参数的联合关系上。再如,有机合成型电阻器中,电解腐蚀的产生会引起电阻阻值增大;有机黏结剂的氧化会使其中高分子聚合物先固化、脆化,而后产生机械损伤,最终导致电阻体收缩,电阻阻值先降后升,不断增大。因此,电解腐蚀和黏结剂氧化两种故障机理也存在参数联合关系。

两种故障机理对同一种性能参数的贡献可以是相反的。例如,在集成电路中,在水汽和直流电场的作用下,银电极发生银迁移,导致阻值变小;水电解产生的氢氧根离子在施加电压正极与导电膜中的铬镍反应生成氧化物,导致电解腐蚀,使得阻值增大。这两种故障机理对电阻值这一性能参数具有相反的作用效果,但仍然属于参数联合关系。

6.3　故障机理树建模方法

6.3.1　故障机理树的定义

6.2 节研究的故障机理的相关关系是动态的物理耦合关系,而在故障树建模方法中更多考虑的是功能逻辑关系,为了考虑故障机理之间的相关关系对系统的影响,研究了故障机理树(FMT)这一建模方法。故障机理树就是将机理之间的相关关系用树形图来表示,从而描述系统的物理耦合关系的一种图形表示方法[5]。

故障机理树建模方法提供了系统故障和基本故障机理之间逻辑关系的图形表示。建立故障机理树的过程是将系统或者部件的故障行为分解为其可能故障机理的演绎方法。故障机理树可以从上到下、从系统到部件再到底层故障机理来构建,也可以由下往上,从底层的故障机理到组件的故障,再到系统的行为来构建。无论采用何种方法,最终都需要图形化地表示出相互关系,因此首先需要定义 FMT 的一些基本符号。表 6-5 列出了故障机理树建模方法中不同类型事件的图形符号。表 6-6 所列为典型故障机理相关关系的表示符号。

表 6-5　不同类型事件的图形符号

项　目	故　障	基本事件	触发事件	未　定　义
符号	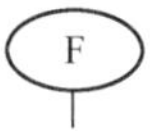 F	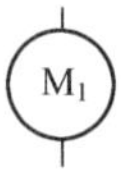 M_1	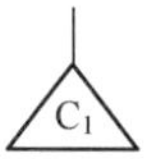 C_1	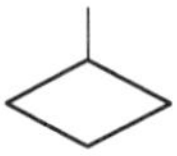

表 6-6　典型故障机理相关关系的表示符号及其说明

符号分类	相关关系符号	关　系	说　明
相关关系	MACO	竞争	一个或多个机理相互独立,均可导致产品故障,产品的故障由最快达到故障阈值的机理决定
	MACT	触发	某一机理发展到一定程度,触发新的故障机理
	MACC	促进	某一故障机理加快其他故障机理的发展速率
	MINH	抑制	某一故障机理减缓其他故障机理的发展速率
	MADA	损伤累加	不同故障机理导致产品同一部位相同的损伤,损伤量相互累加
	MAPA	参数联合	不同故障机理导致产品同一种或多种性能参数变化,变化趋势可以相同也可以相反

6.3.2　故障机理相关关系的故障机理树表达

竞争关系的故障机理树如图 6-3 所示。该故障机理树的底事件为导致某部件或某部位故障的全部 n 个故障机理 $m_i(i=1,2,\cdots,n)$,顶事件 F 表示某一部位或产品的故障。

在图 6-3 所示的故障机理树中,利用功能符号 MACO(mechanism competition)表示"竞争"关系。MACO 是一个以多故障机理作为基本事件和一个部位或产品故障为输出事件的动态门,故障机理相互独立,最先达到故障阈值的机理将导致该部位或产品故障(输出)。MACO 动态门的输出事件可以是一个部件或其较小组成部分的故障模式,它可以直接连接到故障树的基本事件上。

触发关系的故障机理树如图 6-4 所示。某部件或部位在开始阶段仅受到故障

机理 m_a 的影响,经过 t_a 时间后,事件 C(故障机理 m_a 发展到一定程度)触发一组新的故障机理 $m_i(i=1,2,\cdots,n)$,开始共同作用于该部件或部位。

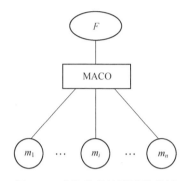

图 6-3　竞争关系的故障机理树

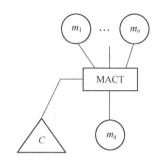

图 6-4　触发关系的故障机理树

图 6-4 所示的故障机理树中,MACT(mechanism activate)是表示"触发"关系的符号。与之相连的底部的故障机理先存在于产品中,顶部的故障机理需要在与 MACT 相连的触发事件(事件 C)发生后再发展。MACT 中的输入为一个基本事件,输出可以是一个或多个基本事件。触发事件的发生迫使系统产生若干独立的输出基本事件。

促进和抑制两种故障机理相关关系的故障树如图 6-5 所示。其中 MACC(mechanism acceleration)为表示"促进"关系的符号,MINH(mechanism inhibition)为表示"抑制"关系的符号。与之相连的底事件表示促进(或抑制)前的故障机理发展速率,由于故障机理 m_b 的存在,这些故障机理发展速率变快(或变慢),即被促进(或抑制),并表示为 MACC(MINH)符号的顶事件。MACC 和 MINH 都是具有单个触发事件、一个或多个输入基本事件以及一个或多个输出基本事件。在 MACC 和 MINH 中,故障机理 m_b 作为触发事件存在,有时某些故障机理也需要发展到一定的程度才会对其他故障机理有促进或者抑制的作用。MACC/MINH 与 MACT 的区别在于前者不会触发新的故障机理,只会促进或抑制现有故障机理的发展速率。

图 6-6 所示为损伤累加关系的故障机理树。故障机理 M_A 和 M_B 同时作用于某部位或者某产品,并且两者造成的损伤具有累加关系。该故障机理树的底事件即为故障机理 M_A 和 M_B,顶事件为该部位或产品故障。利用符号 MADA(mechanisms damage accumulation)表示"损伤累加"关系。

图 6-7 所示为参数联合关系的故障机理树。故障机理 M_C 和 M_D 同时作用于某部位或某产品,并且两者造成的参数变化具有联合关系。该故障机理树的底事件即为故障机理 M_C 和 M_D,顶事件为该部件或部位故障。利用符号"MAPA"(mechanisms parameter combination)表示"参数联合"关系。MADA 和 MAPA 为具有多个输入事件、一个输出事件的关系符号,其外观虽然与 MACO 相似,但是含义却不相同。在 MADA 和 MAPA 中,故障机理是独立发展的,但这些故障机理的结果将不断累加,共同作用导致输出基本事件及部件或产品的故障。MADA 和 MAPA 可以直接连接到故障树的一个基本事件上。

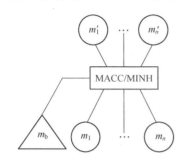

图 6-5　促进或者抑制的故障机理树

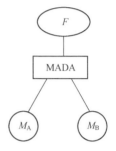

图 6-6　损伤累加关系的故障机理树

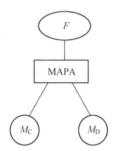

图 6-7　参数联合关系的故障机理树

6.3.3　故障机理树计算数据来源

在求解故障树顶事件发生概率时,需要首先获得每个底事件的发生概率。在工程中,底事件发生概率是由统计故障数据获得的。故障机理树的底事件为故障机理,计算顶事件时也需要底事件的发生概率,这一概率可以通过统计数据获得,也可以通过对故障物理模型的离散化获得。

故障物理模型是针对某一特定的故障机理,在基本物理、化学或其他原理的公式和(或)试验回归公式的基础上,建立起来的定量地反映故障发生的性能参数(故障发生时间、退化量等)与材料、结构、应力等关系的数学函数模型。在理想情况下,产品所有的几何性质、材料性质等都可视为确定量值。因此,故障物理模型中的参数都是确定性的,利用故障物理模型计算得到的特征量也是确定性的。然而在工程中,由于工艺分散性,产品的结构和材料属性会存在一定的差异,产品的质量控制越差,这种差异性就越大。这种工艺分散性可以用分布来表示,参数存在一定的分布,故障物理模型也就不再是确定性的,故障发生的性能参数也可以拟合成某一分布。

将故障物理模型中确定的结构、材料、载荷等参数进行不确定量化,将这些参数服从的分布代入物理模型中,即可得到故障物理模型离散化的结果。这种离散化的过程利用蒙特卡罗仿真,通过对故障物理模型中的结构参数、材料参数、工艺参数等进行随机抽样来实现。这一过程通过以下3个步骤实现。

(1) 故障物理模型参数不确定性分析。模型中具有分散性的参数包括结构几何参数、材料参数、载荷与环境参数。结构几何参数大多可以在手册中查到容差范围,可设置为服从容差范围内的均匀分布、三角分布或正态分布。材料参数服从的分布可以通过调研或者经验确定,一般服从正态分布或者对数正态分布。载荷与环境参数可以在仿真结果的基础上进行适当浮动,选定相应的分布类型及参数。

(2) 生成故障机理的寿命抽样值。根据变量的分布类型和分布参数生成随机数,这一步要借助编程来实现。

(3) 得到内因不确定量化组合。将得到的随机数按顺序代入故障物理模型,可得到若干的故障时间值或者退化数据,再拟合成各种常见的分布。

在对FMT的表示符号、故障机理相关关系的FMT表示方法及计算数据来源问题进行探讨后,下面以一个案例来说明如何进行故障机理树建模,以及如何利用故障机理树分析电子产品的故障行为。

6.3.4 故障机理树建模案例

如图6-8所示的某串并联电路,由4个部件组成,包括两个集成电路 IC_1 和 IC_2、一个多层陶瓷电容器 C_1 和一个晶体管 VT_1。它们组装在一块印制电路板上。

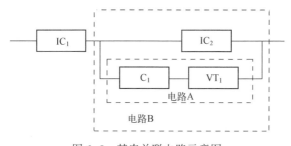

图6-8 某串并联电路示意图

该系统的故障机理如表 6-7 所列。工作环境条件包括温度循环和随机振动、元器件的焊点存在热疲劳和振动疲劳机理。表 6-7 中:VF 为振动疲劳;TF 为热疲劳;TDDB 为栅氧化层经时介质击穿;NBTI 为负偏压温度不稳定性;EM 为电迁移;SC 为冲击裂纹;EB 为电断裂;DE 为 PCB 变形。

表 6-7   案例中的故障机理

元 器 件	故 障 机 理	符 号 表 示	故 障 影 响	影 响 符 号
IC_1	VF	Af_1	IC_1 焊点开裂	Ma_1
	TF	Af_2	IC_1 焊点开裂	Ma_1
	TDDB	Af_3	IC_1 参数漂移	Ma_2
	NBTI	Af_4	IC_1 参数漂移	Ma_2
IC_2	VF	Bf_1	IC_2 焊点开裂	Mb_1
	TF	Bf_2	IC_2 焊点开裂	Mb_1
	EM	Bf_3	IC_2 芯片线断路	Mb_2
C_1	SC	Cf_1	C_1 开路	Mc_1
			电路 A 开路	Mc_2
			IC_2 EM 被促进	Mc_3
VT_1	VF	Df_1	V1 焊点开裂	Md_1
			电路 A 开路	Mc_2
			IC_2 EM 被促进	Mc_3
	TF	Df_2	V_1 开路	Md_1
			电路 A 开路	Mc_2
			I_2 EM 被促进	Mc_3
	EB	Df_3	V_1 开路	Md_2
PCB	DE	Ef_1	C_1 断裂	Me_1

可以看出,一种故障机理可以导致多种故障影响,不同的故障机理可以导致相同的故障影响。

将支配故障机理的物理模型进行离散化后,得到故障机理的分布参数,见表 6-8。

表 6-8   案例中故障机理的分布参数

故障机理符号	分布类型	特 征 参 数		
		$\beta(\theta)$	$\eta(\sigma)$	λ
Af_1	Weibull	3.28	7620	——
Af_2	Weibull	2.33	9211	——

续表

故障机理符号	分 布 类 型	特 征 参 数		
		$\beta(\theta)$	$\eta(\sigma)$	λ
Af$_3$	Lognormal	9.69	0.31	—
Af$_4$	Lognormal	8.92	0.27	—
Bf$_1$	Weibull	2.94	6509	—
Bf$_2$	Weibull	2.33	8230	—
Bf$_3$	Weibull	3.17	3490	—
Df$_1$	Weibull	1.85	7090	—
Df$_2$	Weibull	2.33	9012	—
Df$_3$	Weibull	2.85	5490	—
Ef$_1$	Exponential	—	—	3970

1. IC$_1$的故障机理树

IC$_1$的故障机理有以下几种:VF 和 TF 的损伤累加、TDDB 和 NBTI 的参数联合,两者故障影响的结果之间相互竞争,导致 IC$_1$的故障,如图 6-9 所示。

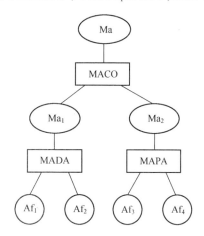

图 6-9　IC$_1$的故障机理相关关系及故障机理树

1)VF 和 TF 的损伤累加

IC$_1$焊点 VF(Af$_1$)和 TF(Af$_2$)故障机理都会导致焊点开裂。它们的损伤结果将累加并最终导致因焊料裂纹导致的 IC$_1$开路故障,如图 6-9 所示。

假设损伤阈值为 X_{th}，t_{Af_1} 为 Af_1 故障机理的故障时间，t_{Af_2} 为 Af_2 故障机理的故障时间。那么

$$\begin{cases} \Delta X_{Af_1} = \dfrac{X_{th}}{t_{Af_1}} \\[3mm] \Delta X_{Af_2} = \dfrac{X_{th}}{t_{Af_2}} \end{cases} \tag{6-14}$$

式中：ΔX_{Af_1} 为单位时间内由 Af_1 引起的疲劳裂纹长度；ΔX_{Af_2} 为由 Af_2 引起的单位时间内的疲劳裂纹长度。那么

$$t_{Ma_1} = \frac{X_{th}}{\Delta X'} = \frac{X_{th}}{\lambda_1 \Delta X_{Af_1} + \lambda_2 \Delta X_{Af_2}} = \frac{t_{Af_1} t_{Af_2}}{\lambda_2 t_{Af_1} + \lambda_1 t_{Af_2}} \tag{6-15}$$

式中：$\Delta X'$ 为一个热循环的累加损伤；λ_1，λ_2 为热循环和振动循环的损伤因子；t_{Ma_1} 为 Af_1 和 Af_2 累加后导致故障的时间。

这里假设热疲劳和振动疲劳是线性累加关系。

Af_1 和 Af_2 的故障 PDF 可以通过对故障物理方程的概率化过程得到，如表 6-8 所列。对于这种情况下的其他损伤累加关系，可以用同样的方法得到它们的累加概率分布函数。

2）TDDB 和 NBTI 的参数联合

IC_1 的 TDDB（Af_3）和 NBTI（Af_4）故障机理都会导致响应延迟时间的增加。假设累加的响应延迟时间超过阈值 P_{th}，将导致 IC_1 因时钟的混乱而永久故障，如图 6-9 所示。

Af_3 和 Af_4 参数联合后的故障时间为

$$t_{Ma_2} = \frac{t_{Af_3} \cdot t_{Af_4}}{t_{Af_3} + t_{Af_4}} \tag{6-16}$$

式中：t_{Af_3}，t_{Af_4} 为机理 Af_3 和 Af_4 的故障时间。已知 IC_1 的故障机理 Af_3 和 Af_4 的故障 PDF，可以得到 Ma_2 的故障 PDF。

3）Ma_1 和 Ma_2 的竞争

Ma_1 和 Ma_2 的竞争关系故障树如图 6-9 所示。IC_1 焊点开裂和参数漂移两个故障机理将相互竞争，其结果取决于故障时间更短的故障机理。基于此，IC_1 的故障时间可以计算为

$$\begin{aligned} t_{Ma} &= \min\{t_{Ma_1}, t_{Ma_2}\} \\ &= \min\left\{\frac{t_{Af_1} \cdot t_{Af_2}}{t_{Af_1} + t_{Af_2}}, \frac{t_{Af_3} \cdot t_{Af_4}}{t_{Af_3} + t_{Af_4}}\right\} \end{aligned} \tag{6-17}$$

在假设这些故障机理是独立的情况下，IC_1 的故障时间可以通过下式计算，即

$$t'_{Ma} = \min\{t_{Af_1}, t_{Af_2}, t_{Af_3}, t_{Af_4}\} \tag{6-18}$$

很容易证明，$t_{Ma_1} < t_{Af_1}$ 且 $t_{Ma_1} < t_{Af_2}$，$t_{Ma_2} < t_{Af_3}$ 且 $t_{Ma_2} < t_{Af_4}$，从而有 $t_{Ma} < t'_{Ma}$。

基于故障机理 Af_1、Af_2、Af_3 和 Af_4 的故障时间数据，可以得到 IC_1 的故障时间数据。例如，当 $t_{Af1} = 6328h$、$t_{Af2} = 4763h$、$t_{Af3} = 7401h$ 且 $t_{Af4} = 5394h$ 时，根据式(6-17)和式(6-18)，$t_{Ma} = 2717.5h$，$t'_{Ma} = 4763h$。可以得到 IC_1 故障时间的 CDF。

考虑故障机理相关性的 IC_1 的 CDF 如图 6-10 所示，与故障机理独立的条件相比。左侧曲线为考虑故障机理相关性的 IC_1 的 CDF，右侧曲线为故障机理独立假设下的 IC_1 的 CDF。从图 6-10 可以看出，同一概率下，考虑故障机理累加关系的 IC_1 故障时间明显短于假设故障机理之间相互独立情况下的故障时间。在时间 t 时，考虑相关性的故障概率大于故障机理独立情况下的故障概率。

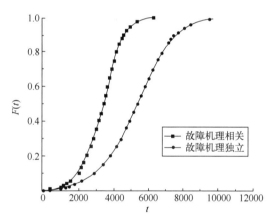

图 6-10　Ma(部件 IC_1 故障)的 CDF

2. C_1 的故障机理树

PCB 变形会触发多层陶瓷电容器 C_1 的开裂，导致 Mc_1、C_1 开路故障，如图 6-11 所示。

假设振动冲击发生在 $T_{tr} = 2400h$ 时，Ef_1 按表 6-8 所列的指数分布，根据触发相关关系公式，可计算得到 Cf_1 故障时间的 CDF。

$$t_{Mc_1} = \min\{t_{Ef_1}, T_{tr} + t_{r_{C_1}}\} \tag{6-19}$$

在这种情况下，冲击将直接导致 C_1 的开裂。在假设这些故障机理是相互独立的情况下，C_1 的故障时间为

$$t'_{Mc_1} = \min\{t_{Ef_1}, T_{tr}\} \tag{6-20}$$

因此,这时 $t_{\mathrm{Mc}_1} = t'_{\mathrm{Mc}_1}$。考虑故障机理相关的 C_1 的动态故障概率如图 6-12 所示。

因为冲击(触发事件)会直接触发 C_1 的裂纹,而考虑与否,C_1 的故障时间没有差别。图 6-12 中的转折点是因为在 2400h 的触发时间发生冲击,直接导致 C_1 故障。

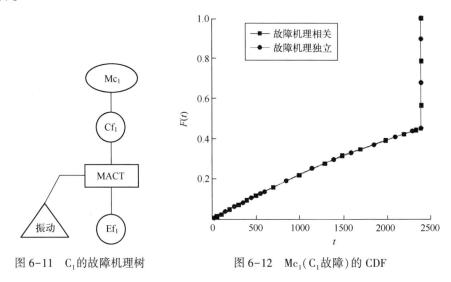

图 6-11 C_1 的故障机理树 　　　　　　　图 6-12 $\mathrm{Mc}_1(C_1$ 故障)的 CDF

3. VT_1 的故障机理相关关系

VT_1 的故障机理及其机理相关关系如图 6-13 所示,其中,由于 Df_1 和 Df_2 故障机理造成的损伤累加起来,并与 Df_3 竞争。Md 是竞争的结果,如果 Md_1 早于 Md_2,那么 Md 就是 Md_1;否则 Md 就是 Md_2。Md_1、Md_2 故障结果均为 VT_1 开裂,用 Md 表示。

VT_1 的故障时间为

$$t_{\mathrm{Md}} = \min\{t_{\mathrm{Md}_1}, t_{\mathrm{Md}_2}\}$$

$$= \min\left\{\frac{t_{\mathrm{Df}_1} \cdot t_{\mathrm{Df}_2}}{t_{\mathrm{Df}_1} + t_{\mathrm{Df}_2}}, t_{\mathrm{Df}_3}\right\} \tag{6-21}$$

$$t'_{\mathrm{Md}} = \min\{t_{\mathrm{Df}_1}, t_{\mathrm{Df}_2}, t_{\mathrm{Df}_3}\} \tag{6-22}$$

因此,$t_{\mathrm{Md}} \leqslant t'_{\mathrm{Md}}$。

考虑故障机理相关性的 VT_1 的 CDF 如图 6-14 所示,图中还与故障机理独立的情况相比较。

从图 6-14 可以看出,由于 Df_1 和 Df_2 之间的参数组合,考虑故障机理相关的 VT_1 的故障时间明显短于不考虑故障机理相关关系的 VT_1。在 t 时刻,考虑相关性的故障概率大于独立条件假设下的故障概率。

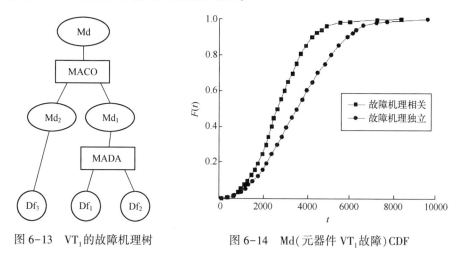

图 6-13　VT₁的故障机理树　　　　图 6-14　Md(元器件 VT₁故障)CDF

4. C₁和 VT₁的竞争

C_1开路和 VT_1开路存在竞争的相关性。不论 C_1开路还是 VT_1开路,都会导致电路 A 开路,用 Mc 表示,Mc_2 也是 IC_2 的 EM 故障机理促进的触发事件。图 6-15 表示出了 C_1 和 VT_1 的竞争。

因此,电路 A 开路的故障时间为

$$t_{Mc_2} = \min\{t_{Mc_1}, t_{Md}\} \tag{6-23}$$

而

$$t'_{Mc_2} = \min\{t'_{Mc_1}, t'_{Md}\} \geqslant \min\{t_{Mc_1}, t_{Md}\} \tag{6-24}$$

因此,$t_{Mc_2} \leqslant t'_{Mc_2}$。

考虑故障机理相关性的电路 A 的 CDF 如图 6-16 所示,并与故障机理独立的条件进行了比较。

电路 A 由器件 C_1 和 VT_1 组成。C_1 或 VT_1 故障将导致 A 回路故障,C_1 开路和 VT_1开路是相互竞争的关系。由于故障机理的相关性,VT_1 的故障时间比 C_1 的故障时间短。如图 6-16 所示,在时间 $t(0 < t < 2400)$ 时,考虑故障机理相关性的故障概率大于不考虑相关性的故障概率。当 $t = 2400h$ 时,C_1 直接因冲击而故障,导致电路 A 故障,因此 $t = 2400h$ 时,故障概率突然升为 1,拐点 a 对应的故障概率大于拐点 b。

5. IC₂ EM 故障机理的促进

C_1断开或 VT_1断开将导致电路 A 断开,并进一步增加 IC_2 中的电流,然后促进 IC_2的 EM 故障机理,最后缩短了 IC_2 断开的故障时间,如图 6-17 所示。

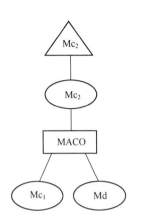

图 6-15　C_1 开路和 VT_1 开路的竞争关系

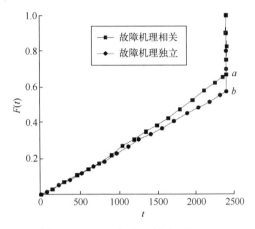

图 6-16　Mc_2（电路 A 故障）的 CDF

假设 I_1 和 I_2 是促进前和促进后金属互连线的电流密度，此时将发生电迁移故障机理，而 IC_2 断路的故障时间 t_{Mb_2} 为

$$t_{Mb_2} = \begin{cases} t_{Bf_3} & (t_{Bf_3} \leqslant t_{Mc_2}) \\ t_{Mc_2} + \left(1 - \dfrac{t_{Mc_2}}{t_{Bf_3}}\right) t_{Bf_3} & (t_{Bf_3} > t_{Mc_2}) \end{cases} \tag{6-25}$$

式中：t_{Bf_3} 为当电流为 I_1 时，故障机理 Bf_3 导致的 IC_2 故障时间，t_{Bf_3} 为当电流为 I_2 时，IC_2 的故障时间。t_{Mc_2} 之前，电流为 I_1，t_{Mc_2} 之后，电流为 I_2。由促进故障机理相关关系的公式，可以得到电迁移的故障密度函数。

在故障机理独立的假设下，由电迁移引起的 IC_2 故障时间为

$$t'_{Mb_2} = t_{Bf_3}$$

因为电路 A 开路会促进 IC_2 电迁移故障机理，那么故障时间有

$$t_{Bf_3} < t_{Bf_3}$$

当 $t_{Bf_3} \leqslant t_{Mc_2}$ 时，$t_{Mb_2} = t_{Bf_3}$。

当 $t_{Bf_3} > t_{Mc_2}$ 时，有

$$t_{Mb_2} = t_{Mc_2} + \left(1 - \frac{t_{Mc_2}}{t_{Bf_3}}\right) t_{Bf_3} < t_{Mc_2} + \left(1 - \frac{t_{Mc_2}}{t_{Bf_3}}\right) t_{Bf_3} = t_{Bf_3} \tag{6-26}$$

因此，$t_{Mb_2} \leqslant t_{Bf_3} = t'_{Mb_2}$。

考虑故障机理相关性的 IC_2 的 CDF 曲线如图 6-18 所示，同时与故障机理独立的条件相对比。

电路 A 开路将促进 IC_2 的电迁移故障机理。从图 6-18 可以看出，考虑故障机理相关性的 IC_2 的 EM 故障机理的故障概率大于独立条件下的故障概率。

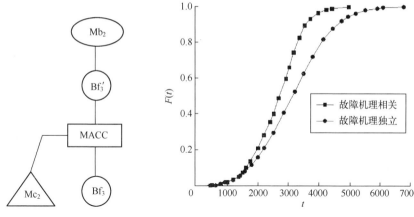

图 6-17　IC_2 EM 的故障机理促进　　　图 6-18　Mb_2(IC_2 EM 故障机理)CDF

6. IC_2 的故障机理及其相关性

IC_2 的故障机理有以下相关关系：VF(Bf_1)和 TF(Bf_2)的损伤累加、电迁移故障机理(Bf_3)引起的焊点开路(Mb_1)和芯片开路(Mb_2)的竞争，如图 6-19 所示。Mb 为 IC_2 故障。

IC_2 焊点开路和芯片开路的竞争结果是 IC_2 开路。由此得出 IC_2 开路故障时间为

$$t_{Mb} = \min\{t_{Mb_1}, t_{Mb_2}\}$$
$$= \min\left\{\frac{t_{Bf_1} \cdot t_{Bf_2}}{t_{Bf_1} + t_{Bf_2}}, t_{Bf_3}\right\} \tag{6-27}$$

且

$$t'_{Mb} = \min\{t_{Bf_1}, t_{Bf_2}, t_{Bf_3}\} \tag{6-28}$$

因此 $t_{Mb} \leqslant t'_{Mb}$。

考虑故障相关性的 IC_2 的 CDF 曲线如图 6-20 所示，同时与故障机理互相独立的情况进行了对比。

在 Mb_2 的影响下，结合 Bf_1 和 Bf_2 的参数联合关系，促进了 IC_2 的故障。与假设故障机理相互独立的情况相比，考虑故障机理相关的故障时间范围更为集中。因此，考虑相关性时 IC_2 的 CDF 曲线比独立条件下 CDF 曲线更陡。

7. 电路 A 和 IC_2 的故障相关性

电路 A 和 IC_2 是并联电路中的支路。当电路 A 和 IC_2 都故障时，电路 B 故障。两者的故障相关性如图 6-21 所示。

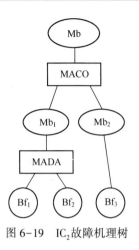

图 6-19　IC_2 故障机理树

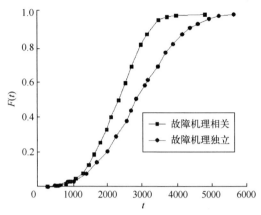

图 6-20　Mb(器件 IC_2 故障)累积故障分布曲线

$$t_{Mc} = \max\{t_{Mb}, t_{Mc_2}\} \tag{6-29}$$

且

$$t'_{Mc} = \max\{t'_{Mb}, t'_{Mc_2}\} \geqslant \max\{t'_{Mb}, t'_{Mc_2}\} \tag{6-30}$$

因此 $t_{Mc} \leqslant t'_{Mc}$

考虑故障机理相关性的电路 B 的 CDF 曲线如图 6-22 所示,并与故障机理在独立条件下进行了对比。

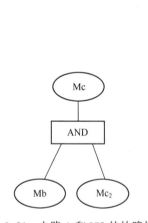

图 6-21　电路 A 和 IC2 的故障树

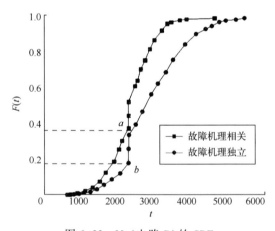

图 6-22　Mc(电路 B)的 CDF

转折点的出现是由触发事件引起的。在这种情况下,考虑到故障机理相关性,故障时间减少,因此触发事件发生前的故障概率增加。因此,转折点 a 的相应故障概率大于转折点 b 的故障概率。

8. IC_1 与电路 B 的故障机理相关

最后,IC_1 故障和电路 B 故障将竞争并导致系统故障,如图 6-23 所示。

由图 6-23,系统故障时间为

$$\varsigma = \min\{t_{Ma}, t_{Mc}\} \tag{6-31}$$

由此

$$t_{Ma} < t'_{Ma}, \text{且 } t_{Mc} \leqslant t'_{Mc}$$

且

$$\varsigma' = \min\{t'_{Ma}, t'_{Mc}\} \geqslant \min\{t_{Ma}, t_{Mc}\} = \varsigma \tag{6-32}$$

因此,$\varsigma \leqslant \varsigma'$。

考虑故障机理相关与不考虑的系统 CDF 如图 6-24 所示。

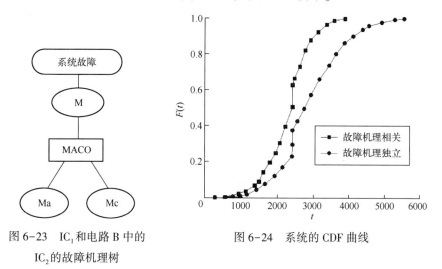

图 6-23　IC$_1$ 和电路 B 中的
IC$_2$ 的故障机理树

图 6-24　系统的 CDF 曲线

由于故障机理的相关性,元件的故障时间减少,系统的故障时间将随之减少,如图 6-24 所示。

9. 系统的 CDF

图 6-25 所示为系统的故障机理树。

这种情况下,每个故障机理对应的寿命分布产生 1000 个随机数。在此基础上,得到了考虑故障机理相关关系的系统的 CDF。图 6-26(a)所示为 IC$_1$、电路 B 和系统的 CDF 曲线的比较。

IC$_1$ 故障和电路 B 故障将竞争并导致系统故障,因此

$$F_M(t) = F_{Ma}(t) \cdot F_{Mc}(t) \tag{6-33}$$

如图 6-26(b)所示,在故障机理互相独立的假设下,$F_{Ma'}(t)$ 随时间缓慢而平稳地增大。而 $F_{Mc'}(t)$ 上升较快,并因冲击事件而出现转折点。因此,$F_{Mc'}(t)$ 对 $F_{M'}(t)$ 的影响更大,当考虑机理相关时,$F_{Ma}(t)$ 比 $F_{Ma'}(t)$ 大,对系统累积概率分布函数 $F_M(t)$ 的影响比 $F_{Ma'}(t)$ 对 $F_{M'}(t)$ 的影响更大。

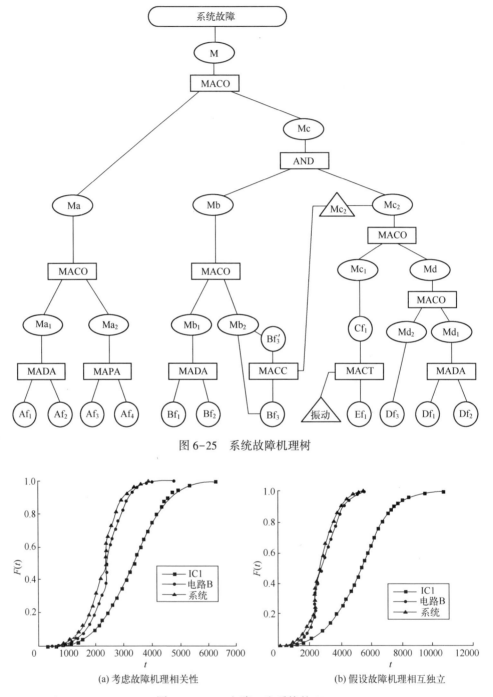

图 6-25 系统故障机理树

(a) 考虑故障机理相关性

(b) 假设故障机理相互独立

图 6-26 IC$_1$,电路 B 和系统的 CDF

6.4　本章小结

本章主要介绍了电子产品的故障行为建模方法,并以实际案例说明了进行故障行为建模的过程。在利用故障机理树方法建模之前,需要首先认识所分析产品的主要故障机理及其相关关系,因此需要工程人员具备故障物理学的基础知识。在求解简单故障机理树时,可采用蒙特卡罗抽样仿真方法来进行,对随机数生成无特殊要求。

参考文献

[1]　陈颖,康锐. 故障物理学[M]. 北京:北京航空航天大学出版社,2020.

[2]　DUGAN J B,BAVUSO S J,BOYD M A. Fault trees and Markov models for reliability analysis of fault tolerant systems[J]. Reliability Engineering and System Safety ,1993(39): 291-307.

[3]　ZHU P,HAN J,LIU LB,ZUO MJ. A Stochastic Approach for the Analysis of Fault Trees With Priority AND Gates[J]. IEEE Transactions on Reliabilit,2014,63(2):480-494.

[4]　刘东,张红林,王波,等. 动态故障树分析方法[M]. 北京:国防工业出版社,2013.

[5]　YING CHEN,LIU YANG,CUI YE,et al. Failure mechanism dependence and reliability evaluation of non-repairable system[J]. Reliability Engineering and System Safety,2015(138): 273-283.

第7章

基于故障行为的概率风险评估方法

本章在第 6 章的基础上进一步提出基于故障行为的风险评估方法,介绍将故障机理树与故障树和事件序列图相结合来进行电子产品概率风险评估的流程,这3 种方法所建立的风险模型均可以转化为二元决策图来进行求解。最后,以某卫星姿态控制模块为案例说明了此方法用于风险评估的过程。

7.1 混合因果逻辑方法

概率风险评估是对工程系统中事故发生的概率和后果进行综合分析和评价的方法。传统的风险建模方法包括故障树、事件树、事件序列图、Petri 网、贝叶斯网络等方法。复杂系统的风险建模通常要考虑硬件、软件、人为因素甚至组织因素的综合作用,因此通常要将几种方法综合起来使用。

首先是将 FTA 与 ETA 综合起来的分析方法。ETA 通常用于识别可能导致的潜在危险事件及其发生的后果,通过分析系统对初始事件的所有可能响应,获得最终事件发生的概率[1]。FTA 与 ETA 的结合使用,可以用于识别子系统故障或分支事件的原因,并作为事件树的一部分系统事件进行量化[2]。传统的方法是将静态故障树与 ET 相结合,Xu 等[2]提出了一种将动态 FT 与 ET 相结合的概率风险评估方法。为了将 DFT、ET 与共享的事件结合起来,采用了模块化的思想处理一个模块内的所有相关单元,所有非相关模块保持独立,最后用马尔可夫方法求解 DFT和 ET 的组合模型。

马里兰大学研究了一种混合因果逻辑(hybrid causal logic,HCL)的方法,它是一种层次化的建模方法,将 PRA 技术应用于系统的不同组成部分。在顶层使用事件序列图建模,在第二层使用故障树对影响系统特性和行为的因素(如硬件、软件、环境因素)进行建模。第三层利用贝叶斯网络建模,它将事件的因果链扩展到潜在的人类、组织和社会技术根源[3]。2008 年,Groth 等[4-5]介绍了马里兰大学搭建的基于 HCI 方法的风险分析软件框架,之后 HCL 方法在很多行业中都有应用报道。

例如,2009 年,Roed 等[6]将该方法应用于海上油气行业。Mohagheh 等[7-8]提出了一种将组织因素融合 PRA、系统动力学、贝叶斯信念网络、事件序列图和 FT 的混合方法。2014 年,Ren 等[9]报告了 HCL 在中国高速铁路车载系统中的应用。2015年,Abdelgawad 等[10]在 HCL 方法的基础上提出了将模糊逻辑、故障树、事件树等相结合的方法,并在建筑业风险分析中的得到了应用。

HCL 融合多种风险建模方法,但它仍然属于一种 PRA 方法,在量化计算过程中需要用到底层事件或者故障发生的概率。目前在工程上,发生的概率基本上来源于历史数据或专家评估,其结果的准确性在很大程度上取决于能够收集到的数据质量。对于高可靠、长寿命的电子产品,能够收集到的故障数据是非常有限的,且电子产品更新换代非常迅速,收集到的故障数据可能还没有来得及应用产品就已经更新了。在第 6 章研究了故障物理的方法,利用故障物理模型可以定量地描述故障发生的性能参数与内、外因素的关系,且利用概率故障物理(probalistic physics-of-failure,PPoF)方法可以对故障物理模型概率化,从而得到产品的故障数据或事件发生概率,这对于无统计数据或者数据较少情况下评估电子产品的风险是很有意义的。

对于具有明显层次特征的电子产品,故障也是具有层次性的,包括系统级的事件模式、部件级的故障模式以及器件级的故障机理,这使得概率风险评估更加困难。这是因为系统级、故障模式级和故障机制级的故障特征不同,逻辑关系也不同,评估算法也不同。现有的建模方法和评估方法难以满足系统复杂度的要求。本章研究了基于故障行为的概率风险评估方法,根据电子产品的硬件层次性特点,将 FMT 与 FT 和事件序列图(event sequence diagram,ESD)结合起来,旨在解决层次复杂的电子产品动态概率风险评估问题。

7.2　故障行为与概率风险评估

7.2.1　方法流程

图 7-1 所示为基于故障行为的电子产品概率风险评估方法建模框架。有图可见,该方法由 3 个层次组成,ESD 或 ET 构成顶层,FT 构成第二层,FMT 构成底层。ESD 或 ET 用于在系统的相对较高级别上对事件的时间序列建模,并且具有通向各种结果的可能路径,每种结果都可能来自同一个起始事件。FT 可以模拟物理系统中间层的故障传播或演化,并且可以连接到 ESD 或 ET 中的任何事件。FMT 使用物理相关门(MACO、MINH、MADA 等)来构建物理系统的硬件故障机理,并且可以连接到 DFT 中的硬件故障事件。

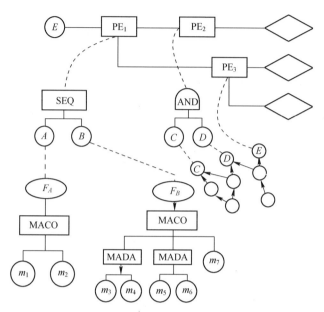

图 7-1　基于故障行为的概率风险评估方法

图 7-1 中 E 代表初始事件,PE_1、PE_2 和 PE_3 分别代表 ESD 中的中间事件,其中 PE_1的事件是由硬件产品故障导致的,因此可将其用 FT 和 FMT 作进一步分析,SEQ 代表动态故障树的顺序执行门,MACO、MADA 为故障机理树的竞争关系和损伤累加关系门;F_A 和 F_B 代表中间故障模式或故障事件,底层的 $m_1 \sim m_7$ 等为故障机理。PE_2 和 PE_3 代表软件故障事件或者组织社会因素,采用故障树和贝叶斯网络分析其影响因素(图中的 C、D、E)。

7.2.2　求解过程

ESD、ET 和 FT 等模型大多基于马尔可夫方法、蒙特卡罗仿真方法和二元决策图等方法进行求解。其中马尔可夫法假设每个部件的故障时间服从指数分布,且容易受空间爆炸的影响。蒙特卡罗仿真是一种统计方法,用于解决许多工程领域的实际问题,特别是在分析方法不可行的情况下。许多研究都采用蒙特卡罗仿真方法来解决故障树和动态故障树,但是它只能提供近似的结果,并且如果需要更高的精度,计算时间会较长。本书所提出的基于故障行为的风险分析模型,融入了FT、FMT 和 ESD 方法,要利用 BDD 方法求解,要分别给出 3 种建模方法的 BDD 求解原理。

7.3　BDD 模型和求解算法

7.3.1　FT 转化为 BDD 的方法

对于简单的故障树,工程上可以利用最小割集法求解,但是对于复杂故障树,基于最小割集的故障树顶事件发生概率的精确计算虽然可以通过逻辑简化、模块化、早期不交化和近似计算等手段简化,但求解过程仍然很复杂。因此,对于较为复杂的情况,主要采用马尔可夫链和二元决策图来进行求解。对于更为复杂的大型系统,一般将故障树分解为静态故障树和动态故障树等子树分别进行求解[11-12],静态故障树常采用 BDD 方法求解,动态故障树则采用蒙特卡罗法求解[13-15]。后来有学者研究了利用顺序二元决策图来求解动态故障树的算法[16]。BDD 方法的优越性在于利用该方法可以直接写出相应的布尔函数的不交化表达式,避免了因用最小割集容斥定理计算产生“组合爆炸”问题,可以精确计算顶事件的发生概率[5]。BDD 方法能够直观描述和高效处理布尔逻辑运算的数据结构模型,易于在计算机系统中实现,目前已经成为故障树分析的最有效工具之一。

BDD 的原理主要是基于 Shannon 分解定理:设 $F(x_{bl})$ 是一组布尔变量 $X\{\}$ 的布尔函数,x_{bl} 是 $X\{\}$ 中的一个布尔变量,则有

$$F(x_{bl}) = x_{bl} \cdot F_{x=1} + \bar{x}_{bl} \cdot F_{x=0} \tag{7-1}$$

式中:$F(x_{bl})$ 为关于 x_{bl} 的布尔函数;$F_{x=1}$,$F_{x=0}$——当 $x_{bl} = 1$ 和 $x_{bl} = 0$ 时对 $F(x_{bl})$ 的评估。式(7-1)也可简化表示为

$$F(x_{bl}) = \text{ite}(x_{bl}, F_{x=1}, F_{x=0}) = \text{ite}(x_{bl}, F_1, F_0) \tag{7-2}$$

式中:ite 是 if-then-else 的缩写。图 7-2 展示了上述 ite 函数描述的 BDD 模型,其含义为,若(if)$x_{bl} = 1$,则(then)$F(x_{bl}) = F_1$;否则(else)$F(x_{bl}) = F_0$。

BDD 模型中每个非终节点都有两个边,标号分别为“0”和“1”,分别为此节点所代表的事件不发生和发生两种情况。在风险分析中,“1”边(即 then 边)代表着 x 所指的部件发生故障,“0”边(即 else 边)代表着 x 所指的部件正常工作。值得注意的是,BDD 模型的主要特征便是其包含两个互斥的子集,即 $x_{bl}F_1$ 和 $x_{bl}F_0$。

图 7-2　ite 函数

按照对故障树模型进行从下至上的遍历方法,可生成整个树的 BDD 模型,具体遵循下列操作规则,即

$$G(\ )\diamond H(\ ) = \mathrm{ite}(x_{bl},G_1,G_0)\diamond \mathrm{ite}(y_{bl},H_1,H_0)$$

$$= \begin{cases} \mathrm{ite}(x_{bl},G_1\diamond H_1,G_0\diamond H_0) & \mathrm{index}(x_{bl})=\mathrm{index}(y_{bl}) \\ \mathrm{ite}(x_{bl},G_1\diamond H,G_0\diamond H) & \mathrm{index}(x_{bl})<\mathrm{index}(y_{bl}) \\ \mathrm{ite}(x_{bl},G\diamond H_1,G\diamond H_0) & \mathrm{index}(x_{bl})>\mathrm{index}(y_{bl}) \end{cases} \quad (7-3)$$

式中:x_{bl}和y_{bl}为布尔变量;$G(\ )$和$H(\ )$为两个对应于遍历子故障树的布尔表达式;G_0、G_1、H_0、H_1分别为$G(\ )$和$H(\ )$的子表达式;符号"$\diamond$"为一个逻辑操作(与门或者或门)。

具体而言,这些规则是用来将两个子 BDD 模型组合为一个新的 BDD 模型,这两个子模型分别用$G(\ )$和$H(\ )$逻辑表达式表示。为了应用这些规则,需要对两个根节点的指标(即x_{bl}对应$G(\ )$、y_{bl}对应$H(\ )$)进行比较。如果x_{bl}和y_{bl}指标相同,表示它们属于同一个部件,那么操作将应用于它们的子节点;否则,指标较小的变量将变为 BDD 组合的新的根节点,并且逻辑操作将应用于指标较小的节点的每一个子节点以及其他子 BDD 中。将上述规则循环应用,直到子表达式中有一个变为恒定表达式"0"或"1",其中布尔代数($1+x_{bl}=1,0+x_{bl}=x_{bl},1\cdot x_{bl}=x_{bl},0\cdot x_{bl}=0$)将被用于简化这种形式。

故障树的各种逻辑表达均可以转化为 BDD 模型,如对于故障树中存在的逻辑"与"和逻辑"或"关系的部分,可按图 7-3 所示的方法进行变换。

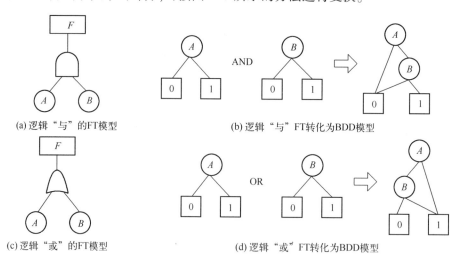

(a) 逻辑"与"的 FT 模型　　　　(b) 逻辑"与"FT 转化为 BDD 模型

(c) 逻辑"或"的 FT 模型　　　　(d) 逻辑"或"FT 转化为 BDD 模型

图 7-3　逻辑"与"和逻辑"或"的 FT 转化为 BDD 模型

故障树向 BDD 转化时,从故障树的最底层门事件开始,用底事件置换门事件,逐层向上,每置换一步同时按 ite 结构对置换进行编码。如此类推,所有门事件均用底事件置换编码,便可得到顶事件的 BDD。

每一个 BDD 模型中,从根节点到终节点的路径意味着一种部件故障和无故障的不相交组合。如果某一路径的终节点标为"1"(或"0"),则该路径将致使系统发生故障(或不发生故障)。路径上每一个与"1"边(或"0"边)所相关联的概率,是相应的非终节点所代表的部件的故障概率(或成功概率)。因为所有的路径是不相交的,所以系统的故障概率可以简化为计算所有从根节点到终节点"1"的路径的概率之和。同样地,系统的成功概率为所有从根节点到终节点"0"的路径概率之和。例如,图 7-3(c)中的逻辑"或"门,指向系统故障(终节点"1")的路径有两条,即 A 和 $\overline{A}B$,则系统的故障概率为

$$P(F) = P(A) + P(\overline{A}B) \tag{7-4}$$

可见,对系统构建 BDD 模型的过程,就是对导致系统故障的事件组合进行不交化处理的过程。不过相较于香农分解,BDD 模型更加简洁明了,易于操作。

下面用一个简单的例子说明利用 BDD 方法求解故障树的过程。图 7-4 所示为一个仅包含 3 个门的简单故障树。

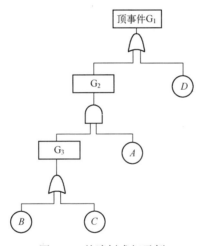

图 7-4　故障树求解示例

故障树的最小割集为 $\{D\}$、$\{A,B\}$、$\{A,C\}$,由于各个最小割集存在相关关系,则对其进行不交化处理,得到系统的故障概率,即

$$
\begin{aligned}
\theta_{\text{sys}} &= P\left(\bigcup_{i=1}^{n} C_i\right) \\
&= P\{C_1 \cup (\overline{C_1}C_2) \cup (\overline{C_1}\,\overline{C_2}C_3) \cup \cdots \cup (\overline{C_1}\,\overline{C_2}\,\overline{C_3}\cdots\overline{C_{n-1}}C_n)\} \\
&= P(C_1) + P(\overline{C_1}C_2) + \cdots + P(\overline{C_1}\,\overline{C_2}\,\overline{C_3}\cdots\overline{C_{n-1}}C_n)
\end{aligned} \tag{7-5}
$$

利用式(7-5)所示的规则,对图 7-4 进行处理,得到

$$
\begin{aligned}
\theta_{\text{sys}} &= P(C_1) + P(\overline{C_1}C_2) + P(\overline{C_1}\,\overline{C_2}C_3) \\
&= P(D) + P(\overline{D}AB) + P(\overline{D}\,\overline{AB}AC)
\end{aligned}
$$

$$= P(D) + P(\bar{D}AB) + P(\bar{D}(\bar{A}+\bar{B})AC)$$
$$= P(D) + P(\bar{D}AB) + P(\bar{D}\bar{B}AC) \tag{7-6}$$

式（7-6）经过转换，可以写成

$$\theta_{\text{sys}} = P(\bar{A}D) + P(AB) + P(AD\bar{B}\bar{C}) + P(A\bar{B}C) \tag{7-7}$$

根据故障树转化成 BDD 的规则，图 7-4 中故障树对应的 BDD 图生成过程如图 7-5 所示。

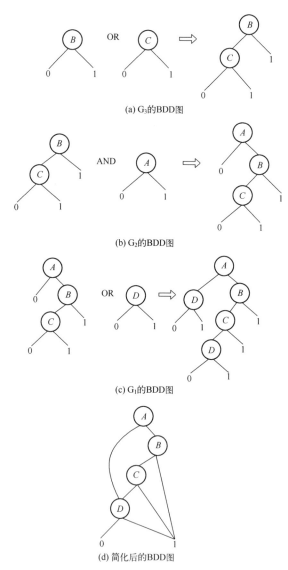

(a) G_3 的 BDD 图

(b) G_2 的 BDD 图

(c) G_1 的 BDD 图

(d) 简化后的 BDD 图

图 7-5   故障树对应的 BDD 图生成过程

由图 7-5 可见,顶事件故障由 4 条路径导致。

(1) A 和 B 都故障。

(2) AC 故障,B 不故障。

(3) AD 故障,BC 不故障。

(4) D 故障,A 不故障。

同样可以推得顶事件的发生概率为

$$\theta_{\mathrm{sys}} = P(AB) + P(A\,\overline{BC}) + P(A\,\overline{B}\,\overline{C}D) + P(\overline{A}D) \tag{7-8}$$

可见式(7-8)与式(7-7)的结果是一致的,但是利用 BDD 求解比较直观,也可以在计算机上直接编程实现。

7.3.2　FMT 转化为 BDD 的方法

随着系统规模的增大和逻辑层次向机理层拓展,故障机理树的规模和求解难度也逐渐加大,而将故障机理树转化为 BDD 模型能有效降低分析难度。各种故障机理相关关系的故障机理树可以转化为 BDD 模型。

竞争关系的 BDD 模型如图 7-6 所示。图中所示的表示故障机理 $m_i(i=1,2,\cdots,n)$ 中的每个故障机理之间具有竞争关系。其中,每个非终节点表示一个故障机理,非终节点的 1-边表示某时刻该故障机理导致相应故障模式的发生,0-边表示故障模式不发生。终节点 1 表示部件的故障。

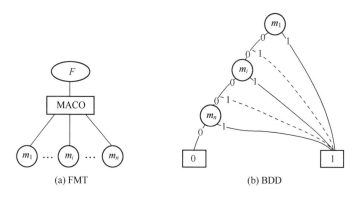

(a) FMT　　　　　　　　　　(b) BDD

图 7-6　竞争关系的 BDD 模型

图 7-7 所示为触发关系的 BDD 模型。其中,m_a 为触发其他故障机理发生的触发机理。在传统 BDD 的基础上,增添菱形符号($\diamondsuit$)表达"触发"逻辑。t_{ra} 为触发时间。

促进与抑制具有相同的 BDD 解算模型,如图 7-8 所示。m_b 为促进或抑制故障机理 $m_i(i=1,2,\cdots,n)$ 发展速率的事件,$m_i'(i=1,2,\cdots,n)$ 为故障机理 $m_i(i=1,$

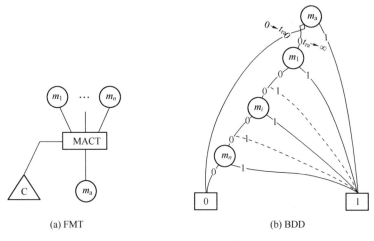

(a) FMT

(b) BDD

图 7-7 触发的 BDD 模型

$2,\cdots,n$)被促进或抑制之后的新故障机理,它代表着故障机理 $m_i(i=1,2,\cdots,n)$ 影响相应部件的程度和速率的改变。

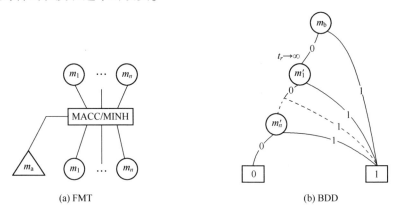

(a) FMT

(b) BDD

图 7-8 促进与抑制的 BDD 模型

图 7-9 所示为损伤累加的 BDD 模型。图中,非终节点 M_E、M_F 为两个具有损伤累加关系的故障机理所造成的单位损伤量。这里,修改传统 BDD 中,非终节点的 1-边为 λ-边,其中,λ_E、λ_F 分别为机理 M_E 和机理 M_F 对该部位的损伤因子。参数联合的 BDD 模型也可以用图 7-9 表示,图中的 λ_E、λ_F 分别为机理 M_E 和机理 M_F 对该参数的影响因子。

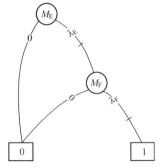

图 7-9 损伤累加的 BDD 模型

7.3.3　ESD 转化为 BDD 的方法

ESD 是一种对关联事件顺序进行描述的图形工具,可直观地表述事故过程、支持事件树建造以及辅助进行定量风险分析。在核工业领域中,ESD 用来帮助操作人员理解事故场景和作为构建事件树的辅助工具。在航天领域中,ESD 也广泛用于识别可能的事故场景,如"卡西尼号"航天飞行计划中把 ESD 作为描述事故场景的主要工具,并引进了一些时序逻辑。但在这些 ESD 中仅考虑了少量的时序行为,而且基本上没有考虑过程变量。

Swaminathan 等在传统 ESD 框架的基础上进行了扩展,增加了一些描述动态行为的符号。扩展后的 ESD 框架由事件、条件、逻辑门、关联规则、限制和过程变量等 6 种模块组成,对竞争、条件、并行和同步等动态现象用简单的符号加以描述,给出了扩展 ESD 框架中各个基本模块的概率动力学数学描述。一般地,一个 ESD 由 6 个元素来定义,它们分别代表事件、条件、逻辑门、关联规则、限制和过程变量。任何可观察的物理现象在 ESD 中均可以作为事件,条件用于控制事件序列向不同分支发展的规则。ESD 中的门可以分为与门和或门,分别表示并发过程、同步过程,互斥的多结果过程。

事件序列图能够直观地描述和组织系统风险场景的方式,符合人的思维逻辑,但事件序列图存在与事件树类似的问题,其构建需要由分析人员来完成,对于大型复杂系统通常是一项极富挑战性的任务,分析结果的质量也严重依赖于分析人员的水平,并且容易忽略一些风险场景。求解 ESD 的方法有解析法、蒙特卡罗仿真和 BDD 方法,Swaminathan 等在研究中通过将一般 Chapman-Kolmogorov 方程转化成解析求解多个多维积分问题,可以降低问题的难度,但解析求解的方法仍然比较复杂,仅对简单的问题才可行。因此,在定量计算方面,直接解析求解 ESD 通常是非常困难的。BDD 是用布尔函数表示的一种图形方式,可以直观地反映函数的逻辑结构。通过 BDD 模型来进行风险分析,可辅助提出预防故障的设计措施和使用补偿措施,制订针对危险故障的预案,以降低故障的危害程度,提高系统安全性。

马里兰大学风险与可靠性中心开发了 QRAS 和 IRIS 等软件工具,用以辅助进行 BDD 的构建和 ESD 模型求解。其分析和计算流程为,首先分析系统事故机理,鉴别出可能的事故场景,确定初因事件,参考系统的功能框图,分析中间环节事件直到抵达终态(安全或不期望状态);其次利用 ESD 的六元组对事故链进行模拟,分析所有可能发生的事件序列形成完整的 ESD 模型。在模型中,任一自引发事件开始至不期望终态结束的事件序列,构成一个事故链;最后,建立事故链上事件的故障树,将故障树转化为 BDD,分析 ESD 中各事件发生的概率,从初因事件发生的概率,逐步乘上后续事件的条件概率即可得出事件链概率。

图 7-10 所示为一个示例 ESD 转化为 BDD 的过程。

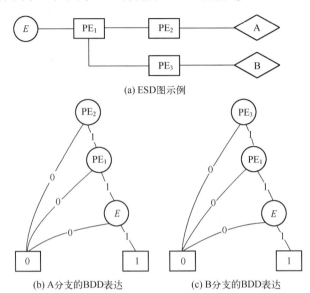

(a) ESD图示例

(b) A分支的BDD表达   (c) B分支的BDD表达

图 7-10   ESD 图及其 BDD 表达

7.3.4   基于二元决策逻辑的蒙特卡罗仿真算法

对于复杂的多状态多阶段风险模型计算问题,需要利用多状态 BDD、多状态多值 BDD 等方法求解,虽然也有相应的解析方法,但是大多比较复杂。本小节介绍一种采用 BDD 决策逻辑,并融合蒙特卡罗仿真的方法求解风险模型。主要流程如图 7-11 所示。

(1) 分析确定系统各元器件各故障机理单独发展时的寿命分布类型和参数:对系统各元器件作故障模式、故障机理和影响分析,确定各元器件的关键故障机理及相关关系,通过概率故障物理方法得到各主要故障机理的寿命分布形式及分布参数。

(2) 选取故障机理的若干时间节点,并按从小到大的顺序排列组成时间集合。选取时间节点的方法具体包括以下几个。

① 根据预先规定或用户需要选取。若预先明确产品在寿命周期内的某些关键时间节点的故障概率时,直接选取这些时刻或关键时间节点作为故障机理的时间节点。

② 等时间间隔选取。若对某时刻产品的故障概率没有具体要求时,则可按照一定时间间隔任意选取若干时间节点。

③ 根据故障机理寿命分布的特点选取。在需要绘制系统 CDF 曲线的情况下,

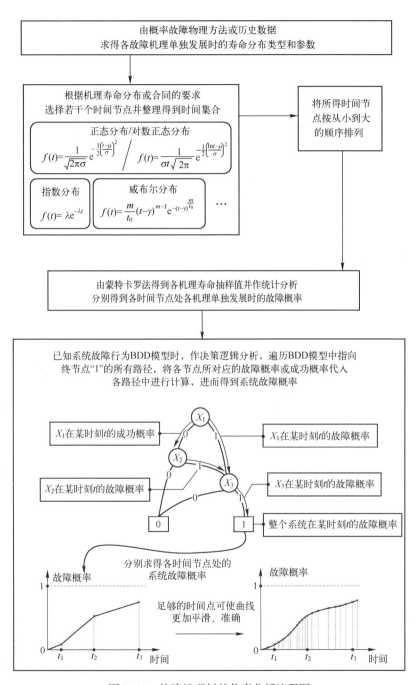

图 7-11　故障机理树的仿真分析流程图

可按等时间间距选取若干时间节点,并在故障机理的故障概率密度函数中变化较快的时间范围内,即密度函数曲线中斜率的绝对值较大的时间范围内再选取更多的时间节点,这样最终得到的系统故障概率曲线更平滑。

(3)由蒙特卡罗法仿真得到各时间节点处的各故障机理单独发展时的故障概率。具体包括以下步骤。

① 已知寿命分布类型和参数时,由蒙特卡罗法得到各故障机理的若干寿命抽样值,再根据故障机理相关关系及对应的公式,便可得到在此故障机理单独发展时的故障时刻抽样值。

② 对所得的故障时刻抽样值进行统计分析,得到其若干个故障时刻处故障概率的数值,并拟合出相应的故障概率曲线。

③ 由统计分析得到的结果或近似分析,求得时间集合中各时间节点处的故障概率,即各故障机理单独发展时的故障概率。

(4)对该系统进行故障行为二元决策图建模,结合系统的故障行为二元决策图模型进行决策逻辑分析,计算得到在各时间节点处系统的故障概率。具体包括以下步骤。

① 对二元决策图模型中代表系统故障的各条指向终节点 1 的路径进行遍历,确定各条路径中相应故障机理的状态;若在某条路径中故障机理的故障边被遍历,则说明在此路径中此故障机理已发生故障,选取其故障概率;若故障机理的可靠边被遍历,则说明在此路径中此故障机理仍未发生故障。

② 对在各条路径中选取的各个故障机理的故障概率作乘法,以得到此路径下系统的故障概率。

③ 对各条路径的故障概率进行累加,则可得到最终的系统故障概率。

为了说明基于故障行为的建模部分在风险评估中的应用,给出一个案例分析的过程。

7.4 案例分析

7.4.1 产品分析和 ESD 模型

卫星姿态控制系统由太阳敏感器和地球敏感器两个传感器组成,两个传感器互为备份和补偿。太阳传感器主要包括光学探头、传感器、电源模块和信号处理模块四部分(图 7-12)。光学探针由光学元件和探测器组成,探测器利用光电转换功能实时获取恒星相对于太阳的姿态和角度信息。光通过柱面镜、平板玻璃和透镜罩,经硅光电池转换成电信号,再经信号处理模块处理[24-25]，如图 7-12 所示。

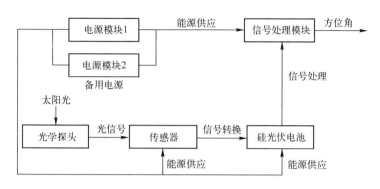

图 7-12　太阳传感器的功能结构框图

图 7-13 所示为太阳传感器故障的简化 ESD 图。在该 ESD 中，太阳传感器硬件故障可以进一步进行 FT 和 FMT 分析和扩展，并利用 7.3.4 小节的方法计算太阳敏感器的故障发生概率。

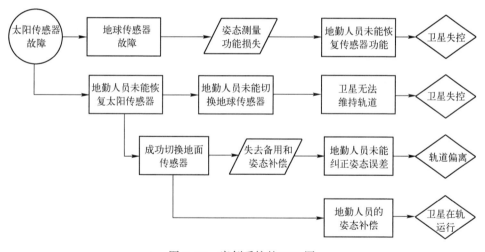

图 7-13　案例系统的 ESD 图

7.4.2　故障树和故障机理树建模

在构建太阳敏感器的故障树和故障机理树之前，从整个系统的角度对太阳敏感器进行了分析，然后将其分解为零部件，结合材料、工作环境和载荷信息，分析了太阳敏感器的故障模式、机理及其相互关系，如表 7-1 所列。

表 7-1　案例中的故障机理及其相互关系

部件/器件	故障机理类型	故障机理影响	相互关系	影响符号	故障影响之间的关系
光学探头（A）	高能质子辐射（Af_1）	柱面镜的透射率降低	参数联合	MA_1	参数联合
	高能电子辐射（Af_2）	柱面镜的透射率降低			
	空间辐射（Af_3）	硅橡胶的老化	—	MA_2	
硅光电池（D）	位移损伤效应（Df_1）	硅光伏电池光伏组件功率退化	—	MD_1	—
CMOS 器件（B）	总剂量效应（Bf_1）	CMOS 器件的辐射损伤	竞争	MB_1	—
	单粒子效应（Bf_2）	CMOS 器件的辐射损伤			
	位移损伤效应（Bf_3）	CMOS 器件的辐射损伤			
电荷耦合器件（C）	位移损伤效应（Cf_1）	CCD 的辐射损伤	—	—	竞争
	热疲劳（Cf_2）	器件焊点开裂	损伤累加	MC_2	
	振动疲劳（Cf_3）	器件焊点开裂			
集成电路芯片（E）	单粒子效应（Ef_1）	集成电路辐射损伤	竞争	ME_1	—
	总剂量效应（Ef_2）	集成电路辐射损伤			
集成电路芯片（F）	电迁移（Ff_1）	互连线开路	—	MF_1	竞争
	TDDB（Ff_2）	介电击穿	—	MF_2	
	HCI（Ff_3）	器件氧化损伤	—	MF_3	
	热疲劳（Ff_4）	器件焊点开裂	损伤累加	MF_4	
	振动疲劳（Ff_5）	器件焊点开裂			
电感器（G）	热疲劳（Gf_1）	开路	—	MG_1	—
THT 电阻器（H）	电解腐蚀（Hf_1）	阻值增加	参数联合	MH_1	—
	金属迁移（Hf_2）	阻值增加			
晶体管（I）	HCI（If_1）	漏电流增加	被 H 器件故障加速	MI_1	竞争
	振动疲劳（If_2）	焊点开裂	损伤累加	MI_2	
	热疲劳（If_3）	焊点开裂			
DC-DC 功率转换器（J）	电迁移（Jf_1）	开路 t	—	MJ_1	竞争
	TDDB（Jf_2）	短路	—	MJ_2	
	振动疲劳（Jf_3）	焊点开裂	损伤累加	MJ_3	
	热疲劳（Jf_4）	焊点开裂			
光电耦合器（N）	过电压击穿 n（Nf_1）	短路	大电流触发	MN_1	竞争
	HCI（Nf_2）	开关状态故障	—	MN_2	
	位移损伤效应（Nf_3）	器件辐射损伤	—	MN_3	

图 7-14 是太阳敏感器系统的故障树,其中 SF 表示太阳敏感器系统的故障,1~4 表示光探头(1)、传感器(2)、电源模块(3)和信号处理模块(4)四部分的故障。$B \sim C$ 和 $E \sim J$ 表示表 7-1 中部件的故障符号。

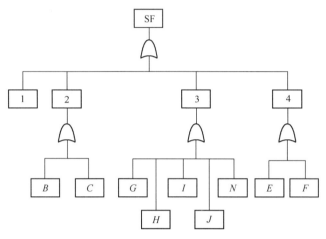

图 7-14　太阳敏感器的故障树

构建光探头(1)和传感器(2)的故障机理树,并进一步构建晶体管的故障树,如图 7-15 所示。

在图 7-15(c)中,电阻器的故障加速了晶体管的热载流子注入效应(If_1)。注意,电源(3)是热储备子系统。

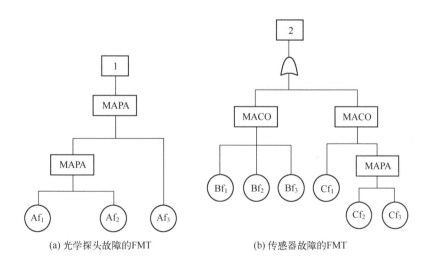

(a) 光学探头故障的FMT　　　　　　(b) 传感器故障的FMT

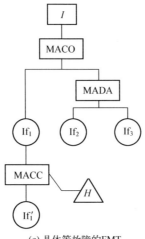

(c) 晶体管故障的FMT

图 7-15 太阳敏感器部分组件的故障机理树

7.4.3 故障模型转化为 BDD 模型

在构造 FT 和 FMT 之后,构建产品的 BDD 模型,如图 7-16 所示。

利用 PPoF 方法获取表 7-1 中各故障机理的寿命分布类型和参数值,如 $Af_1 \sim$ Lognormal$(8.26, 0.79)$、$Jf_3 \sim$ Weibull$(11321, 3.31)$。

7.4.4 仿真结果分析

图 7-17 显示了光耦的可靠性,其过电压击穿故障机理(Nf_1)是在 $t_s = 1500h$ 时由高压触发的。Nf_1 将与 Nf_2(HCI) 和 Nf_3(位移损伤效应) 竞争,如果在 t_s 时刻触发,它将成为系统的主故障机理,与忽略触发效应相比,增加了系统的故障风险。

图 7-18 所示为光学探头的故障概率,其机理包括高能质子辐射(Af_1)和高能电子辐射(Af_2)导致透过率降低,以及空间辐射(Af_3)导致硅橡胶老化。故障机理树如图 7-15(a)所示。图 7-18 中的两条曲线显示了考虑和不考虑这 3 种故障机理对同一参数(透光率)联合效应的差异。当考虑参数联合效应时,故障概率下降较快,更接近实际结果。

图 7-19 示出了太阳敏感器的故障概率。从"相关+热储备"和"独立+热储备"或"相关+无热储备"和"独立+无热储备"的曲线可以看出,考虑故障机理之间的相关性,系统的故障概率会增加。类似地,与不加热储备电源的情况相比,有热储备电源的系统故障概率较低。

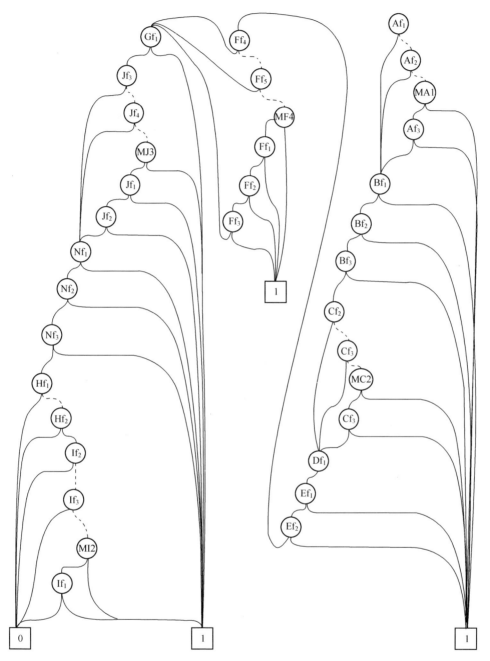

图 7-16　太阳敏感器的 BDD 模型

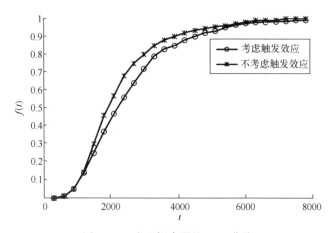

图 7-17　光电耦合器的 CDF 曲线

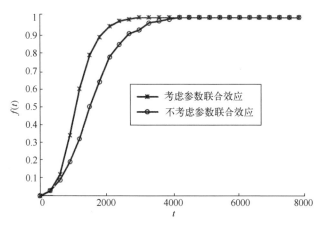

图 7-18　光学探头的故障概率

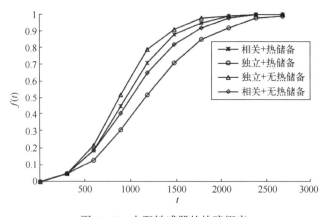

图 7-19　太阳敏感器的故障概率

由图 7-19 求解得到的是太阳敏感器的动态故障概率,而图 7-13 所示的 ESD 模型是静态的 ESD 模型,将两者相结合求卫星发生失控、轨道位置偏高和正常运行 3 个事件的动态概率时,需要在每个时间点调用 7-13 中 ESD 模型的 BDD 图。本节重点在于利用 FMT、FT 得到动态故障概率,也就是基于故障行为的建模方法在风险评估中的应用,因此忽略风险评估的计算过程。

7.5　本章小结

本章主要介绍了基于故障行为建模的风险分析方法,并以实际案例说明了分析的过程。对于复杂的故障机理树、故障树和事件序列图模型的求解,BDD 方法能够避免模型爆炸问题,提高求解效率,该方法建立在二值决策求解算法的基础上,既可以通过解析方法运算(适用于小规模问题),也可以利用蒙特卡罗仿真抽样算法来进行。本章主要介绍了后者,这种方法对随机数生成算法无特殊要求,更适用于较大规模问题的模型求解。

参考文献

[1]　ANDREWS J D,DUNNETT S J. Event-tree analysis using binary decision diagrams[J]. IEEE Transactions on Reliability,2000,49(2):230-238.

[2]　XU H,DUGAN J B. Combining dynamic fault trees and event trees for probabilistic risk assessment[C]//Reliability and Maintainability,2004 Annual Symposium-RAMS. IEEE,2004.

[3]　WANG C D. Hybrid causal logic methdology for risk assessment[D]. PhD Dissertation,University of Maryland,2007.

[4]　GROTH K,ZHU D F,MOSLEH A. Hybrid methodology and software platform for probabilistic risk assessment[C]//Reliability & Maintainability Symposium. IEEE,2009.

[5]　GROTH K,WANG C D,ZHU D F,et al. Methodology and software platform for multi-layer causal modeling[C]//Proceedings of the 2008 Annual Conference of the European Society for Reliability(ESREL 2008). 2008.

[6]　ROED W,MOSLEH A,VINNEM J,et at. On the use of the hybrid causal logic method in offshore risk analysis[J]. Reliability Engineering and System Safety,2009(94):445-455.

[7]　MOHAGHEGH Z,KAZEMI R,MOSLEH A. Incorporating organizational factors into probabilistic risk assessment(PRA) of complex socio-technical systems:A hybrid technique formalization[J]. Reliability Engineering and System Safety,2009(94)1000-1018.

[8]　MOHAGHEGH Z,MOSLEH A. Measurement techniques for organizational safety causal models: Characterization and suggestions for enhancements[J]. Safety Science,2009(47) 1398-1409.

[9]　REN D,ZHENG W,WU D. Hybrid causal methodology in quantitative risk assessment for the on-board ATP of high speed railway[C]. 2014 IEEE 17th International Conference on Intelligent

Transportation Systems (ITSC) Qingdao,2014.

[10] ABDELGAWAD M A,FAYEK A R. Fuzzy Reliability Analyzer: Quantitative Assessment of Risk Events in the Construction Industry Using Fuzzy Fault-Tree Analysis[J]. ASCE-ASME Journal of Risk and Uncertainty in Engineering Systems, Part B: Mechanical Engineering. 2015, 1(3):031006-1:12.

[11] DUGAN J B,BAVUSO S J,BOYD M A. Fault trees and Markov models for reliability analysis of fault tolerant systems[J]. Reliability Engineering and System Safety,1993,39:291-307.

[12] XING L,AMARI S V. Fault tree analysis[M]. New York:Springer-Verlag,2008.

[13] ZHU P,HAN J,LIU L B,et al. A stochastic approach for the analysis of fault trees with priority AND gates[J]. IEEE Transactions on Reliability,2014,63(2):480-494.

[14] RAO K D,GOPIKA V,SANYASI R,et al. Verma AK Srividya A. Dynamic fault tree analysis using Monte Carlo simulation in probabilistic safety assessment[J]. Reliability Engineering and System Safety,2009(94):872-883.

[15] 格雷戈里·列维廷. 动态系统可靠性理论[M]. 邢留冬,汪超男,等. 北京:国防工业出版社,2019.

[16] Quantitative analysis of dynamic fault trees using improved sequential binary decision diagrams [J]. Reliability engineering and system safety,2015,142:289-299.

[17] SWAMINATHAN S,VAN-HALLE J Y,SMIDTS C,et al. The cassini mission probabilistic risk assessment:comparison of two probabilistic dynamic methodologies[J]. Reliability Engineering and System Safety,1997,58:1-14.

[18] SWAMINATHAN S. Dynamic probabilistic risk assessment using event sequence diagrams[D]. College Park:University of Maryland,1999.

[19] SWAMINATHAN S,SMIDTS C. The event sequence diagram framework for dynamic PRA[J]. Reliability Engineering and System Safety,1999,63:73-90.

[20] SWAMINATHAN S,SMIDTS C. The mathematical formulation for the event sequence diagram framework[J]. Reliability Engineering and System Safety,1999,65:103-118.

[21] SWAMINATHAN S,SMIDTS C. Identification of missing scenarios in ESDs using probabilistic dynamics[J]. Reliability Engineering and System Safety,1999,66:275-279.

[22] GROEN F J,SMIDTS C,MOSLEH A. QRAS-The Quantitative Risk Assessment System[J]. Reliability Engineering and System Safety,2006,91:292-304.

[23] GROTH K,ZHU D F,MOSLEH A. Hybrid methodology and software platform for probabilistic risk assessment[A]. 54th Annual Reliability and Maintainability Symposium,2008:411-416.

[24] CHEN Y,YANG L,YE C,et al. Failure mechanism dependence and reliability evaluation of non-repairable system[J]. Reliability Engineering & System Safety,2015,138:273-283.

[25] TANG N,CHEN Y,YUAN Z H. Reliability and failure behavior model of optoelectronic devices [J]. Industrial Engineering, Management Science and Application (ICIMSA), 2016, 66: 86-90.

第8章

基于故障场景推理的风险评估方法

产品的风险分析就是确定最坏情况的风险场景和故障场景。对于功能和结构复杂、应用环境多样的电子产品,系统的故障行为具有很大的不确定性,这就造成了故障场景指数级的数量增长。故障场景的自动推理,特别是以故障行为规则为引导的推理,可以大大减少场景数目,提高分析效率。本章介绍基于故障场景推理的风险评估方法,包括如何构建故障场景树、建立自动推理引擎以及自动推理算法原理。最后以某航空发动机控制系统电源模块为例,说明利用该方法实现风险分析和评估的过程。

8.1 风险场景与故障场景

场景通常指对未来可能发生的事件所推断的情况。在风险分析领域,场景也存在多种不尽相同的具体含义,但如果从集合理论的角度来看,对场景的各种不同形式的定义存在一个共同的特征——场景一般不定义为系统轨迹空间中的单个具体系统轨迹,而是由很多系统轨迹所组成的集合(图8-1)。这些系统轨迹之间存在某个或某些共同特征,由于这些共同特征,这些系统轨迹被划分到同一个场景,而场景本身正是对这些系统轨迹所具有的共同特征的描述。

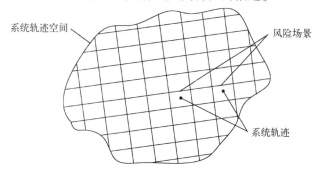

图 8-1　风险场景与系统轨迹的关系示意图

一般地,在进行风险评估时,希望获得的系统风险场景集合满足以下 3 个属性,即完全性、有限性及互斥性。完全性是指最好包含系统所有可能的风险场景,至少是所有重要的风险场景;有限性则要求风险场景的个数应该是有限的;互斥性是指不同场景之间最好是互不重叠的,换句话说,同一个系统轨迹只归属于某一个风险场景而不会同时属于两个或两个以上的场景。用数学语言来说,获得的风险场景集合应该构成系统轨迹空间的一个划分[1],如图 8-1 所示。

在风险分析领域中,采用较多的一种场景定义形式为

形式 1:<事件 1,事件 2,…,事件 n>

即按发生的先后顺序排列的一个事件序列定义为一个风险场景。这种形式的场景定义符合人的思维逻辑习惯以及现实中事故发生的实际过程。其中第一个事件一般称为初始或引发事件(initiating event)。另外,通常会关心场景的结果或者结局,这一般称为末态(end state)。末态也可以看作一种特殊的事件,而且可以在上述"形式 1"定义的最后加上末态事件,并进一步区分各个事件的性质,得到形式 1 的另一个表达方式为

<初始事件,中间事件 1,…,中间事件 n,末态事件>

一般地,系统轨迹空间中一个具体的系统轨迹可以由一个带有具体发生时间的事件序列确定:

<初始事件@t_0,中间事件 1@t_1,…,中间事件 n@t_n,末态事件@t_{n+1}>

可以看出,形式 1 的场景定义将所有具有相同发生事件并且有着相同发生顺序的系统轨迹划分为一个风险场景。或者说,形式 1 定义的场景从包含的系统轨迹中抽象出"具有相同发生事件并且有着相同发生顺序"这一共同特征,而对各事件的具体发生时间予以忽略。另外,每个风险场景中的所有系统轨迹都可以看作该风险场景对事件发生时间实例化的一个具体实现。

除形式 1 外,另一种较为普遍的风险场景定义形式是形式 2:(事件 1,事件 2,…,事件 n)。形式 2 是一系列事件的组合定义为一个风险场景。与形式 1 相比,形式 2 的场景定义进一步进行了抽象,即进一步忽略各事件发生的先后顺序,只要是具有相同发生事件的系统轨迹都被划分到同一个场景。从集合的角度来看,形式 2 定义的场景是一个更大的集合,形式 2 定义中的一个场景包含形式 1 定义中的多个场景(即同一个组合的不同排列)。形式 2 这种忽略事件发生时间和顺序的定义方式在传统的概率风险评估中得到广泛采用,传统的事件树和故障树分析中,一般不考虑事件发生的时间和顺序,割集和最小割集一般都定义为使后果事件/顶事件发生的事件组合。值得一提的是,在传统的割集分析中,割集一般对应一个确定的后果事件(如系统故障),而这里定义的事件组合并不一定对应某个确定的后果事件。对于动态性很强的系统,同一个事件组合可能导致多个不同的末态(由于事件

具体发生时间的差异）。

目前主要有 3 种不同的思路来识别风险场景。

① 找出可能的初始事件,画出从每个初始事件出发的场景树。

② 找出重要的末态,画出进入每个末态的场景树。

③ 找出重要的中间状态,画出进入和离开每个中间状态的场景树。

例如,事件树采用的是第一种思路,故障树采用的是第二种思路,而 HAZOP (hazard and operability analysis,危险与可操作性分析)则采用的是第三种思路。

不管是从初始事件、中间状态还是末态出发,这些方法都几乎完全依赖分析人员,需要分析人员逐个枚举系统可能的风险场景。这些方法存在以下主要局限。

（1）分析人员的负担重。对于大型复杂系统,风险场景的数目可能是非常大的。此外,对于动态性较强的系统,系统各组成要素之间可能存在复杂的动态交互,要正确识别出所有这些交互通常需要付出非常大的努力。

（2）分析结果的质量严重依赖于分析人员的水平。分析人员识别系统风险场景的过程通常需要极高的想象力和创造性思维能力来设想各种可能的场景。为获得好的分析结果,需要分析人员对系统的结构和功能等非常了解,能够区分场景中的必要和非必要元素,理解场景背后的动力学,对一些动态场景进行恰当的简化和合并等。

（3）这些方法大多建立在定性描述和静态逻辑的基础之上,对很多动态行为不得不引入大量的简化。分析人员很可能会错误地忽略一些系统动态行为,或者把一些实际上并不同、会导致不同后果的场景合并到一起。另外,大部分现有的动态概率风险评估方法仍主要关注定量的概率估计,而对如何获得风险场景目前考虑仍较少。

动态概率风险评估方法产生的结果信息通常是非常丰富的,需要对其进行大量的后处理才能获得需要的风险场景信息。近年来,研究人员在该方向上做了一些探索,提出利用一种可能性聚类方法（possibilistic clustering approach,PCA）从离散动态事件树（discrete dynamic event tree,DDET）和蒙特卡罗的仿真结果中识别风险场景。该方法可以根据分析人员指定的某些特征（如发生的事件序列、末态、过程变量的演化行为等）对 DDET 和蒙特卡罗仿真产生的系统轨迹进行聚类,得到数个场景类。虽然该方法可以提供一些有价值的风险信息,但仍不足以满足识别风险场景的需求。另外,方法本身并不生成风险场景,而是从 DDET 和蒙特卡罗这些仿真引擎的仿真结果提取,DDET 虽然可以较好地保证风险场景的完全性,但由于分支爆炸的问题,所能处理的系统规模有限,而蒙特卡罗仿真存在的一个重要问题是,可能模拟的大部分系统轨迹都是最后系统安全的,而很多感兴趣的事故场景则没有被抽样到。这样,一方面提取风险场景的效率很低;另一方面场景的完全性很难得到保障。

目前,在理论研究和工程应用中,场景推理主要还是通过人为分析得出。对于大型复杂系统,故障场景的数目可能是非常大的。所建立的模型是否准确,在很大程度上依赖于建模者的经验。此外,一些系统具有较强的动态性,各组成要素之间可能存在复杂的动态交互,要正确识别出所有场景是一项巨大的挑战。因此,在面对大型复杂系统时,人为推理故障场景就变得极为困难。自动推理故障场景已然成为风险分析发展的必然趋势。

目前场景的自动推理方法主要有两种:一种为聚类的方法;另一种为引导仿真的方法。

1. 聚类法

米兰理工大学的 Erico Zio 教授带领其科研团队开发出一套算法,通过聚类的方式将系统可能的场景信息划分为不同的场景类,以便于分析人员使用。Mercurio[2]演示了一种识别和分类动态事件树(dynamic event tree, DET)分析中生成场景的方法。该方法通过运用概率模糊 C 均值聚类算法,综合考虑系统末态、事件发生时间和过程的演化来完成场景的识别和分类。Mercurio 应用事故动态仿真器(accident dynamic simulator, ADS)分析核电站蒸汽发生器破裂现象,生成了 60 条场景信息。通过聚类将这 60 条场景划分为 4 个类别,其中一个类别是事先没有预料到的,但在聚类过程中"发现"了。该方法的成功应用为自动推理故障场景开辟了先河。

Podofillini[3]指出大型复杂系统具有相当高的动态性,由此导致系统分析中所产生的信息量是巨大的,这使得系统的场景信息变得相当庞大,事件的概率分布也变得更为复杂,从而大大增加了后期处理阶段的工作量。Podofillini 同样采用了模糊 C 均值聚类算法,不同点在于他所研究的是动态性更强的复杂系统,初始的场景信息来源于蒙特卡罗仿真,场景数量约为 2×10^7,相比于先前的研究,难度大大增加。最终这些场景被划分为 7 个类别,其中有 3 个类别是聚类前人为分析无法得出的。该方法被证明可用于处理大型复杂系统的场景识别和分类问题。

Zio 教授[4]主要研究了核电站中装备的数字仪表控制装置,同样利用蒙特卡罗仿真得出大量场景信息,并采用了模糊 C 均值聚类算法进行场景识别和分类。此外,论文针对聚类前的初始分类方法进行了讨论,在以系统末态为主要分类原则的基础上给出了设定阈值的方法,从而增加了聚类的科学性,也减少了聚类后得出的不确定场景类别的数目。另外,在 Zio 教授科研团队成果的基础上,美国俄亥俄州立大学的 Mandelli[5]提出以系统场景的时间演化为原则的聚类方法的场景聚类方法。

场景聚类方法虽然开辟了场景自动推理的先河,但该方法本身其实存在一定的问题。聚类方法其自身是不会生成故障场景的,而是依据 DDET 或蒙特卡罗仿真的结果,识别出若干场景类,因而依旧要面临 DDET 组合爆炸或蒙特卡罗盲目搜索的问题。

2. 引导仿真法

美国马里兰大学 Mosleh 教授团队提出了一种新的仿真方法——引导仿真,并开发了相应的软件平台 SimPRA,这里称其为 SimPRA 引导仿真方法[6-10]。李静辉提出了自动生成系统风险场景(故障场景与人因等交互的场景)的方法,并利用 SimPRA 软件对概率风险评估中两个比较经典的例子(储液罐实例和化学反应堆实例)进行了引导仿真,证明了该方法在自动生成系统风险场景中有效[11-15]。

相比于 SimPRA 引导仿真方法,李静辉去掉了规划器模块,采用引导器和仿真器交互的方式实现自动建模[1]。新的方法首先需要在仿真器中建立系统的物理模型,而后将分支信息发送给引导器,引导器根据自身内部集成的算法决定下一步访问哪条分支,再将跟踪命令发回给仿真器,引导仿真模型完成第一步仿真。仿真进行到下一个分支点时再次访问引导器,如此交互运行直到系统所有的分支信息被访问到,然后输出最终的风险场景[16]。

通过引导仿真方法实现场景自动生成最核心的要素在于引导器中的引导算法,李静辉使用了两种算法,即结合回溯策略的深度优先搜索、均匀设计。引导仿真所采用的是类似于 DDET 的全盘搜索,因而采用深度优先加回溯策略的算法最为合适。为解决系统性扫描用于复杂系统会出现分支爆炸的问题,李静辉采用了均匀设计的方法,该方法是在深度优先、回溯策略的基础上,将仿真分为多次进行,每次所访问的场景数量通过均匀设计提前设定好,在设定时应保证完成对应的仿真次数后可以尽可能多的访问系统所有可能的风险场景[17]。

基于 SimPRA 引导仿真方法实现系统风险场景自动生成是目前最先进、最接近场景自动推理这一理念的方法,但该方法存在以下两个方面的不足之处。

(1)在处理复杂系统时容易出现分支爆炸或精度不高的问题。该方法本身是一种遍历的场景生成方式,要对复杂系统进行建模仿真时必然会出现分支爆炸的问题。虽然可以利用均匀设计通过增加仿真次数的方式减少每次得出的场景数量,然而也会因此导致仿真次数的增加;否则就达不到仿真的精度。此外,该方法并不能保证每次仿真所得到的场景都是不同的,在增加仿真次数的同时,也容易增加相同场景重复仿真的次数,导致耗时增加、内存增大,而且这也很容易漏掉一些重要的场景信息。

(2)未考虑故障之间的相关性。引导仿真的方法主要适用于概率风险评估领域,在考虑硬件、软件、人因和过程变量的交互行为时有一定的优势,但是对系统内部故障的发生发展过程的刻画比较简略。该方法用部件的正常和故障来表征系统的硬件状态,然而,系统故障是从故障机理的发生开始的,机理之间又存在各种耦合及传播关系,导致部件的故障存在多种状态、多种故障模式,这些都是在生成场景信息时需要综合考虑的。

由于故障从底层开始传播的特点,系统的故障场景一般需要通过层层推理得出,这就要求对系统进行建模。因此,要实现系统故障场景的自动推理,就需要采用自动化的建模方法。然而,自动建模方法并非凭空得来的,而是要基于某种人工建模方法,利用计算机程序代替其中的人为操作,将原先人为建模变成计算机建模,从而实现向计算机输入一些研究对象的信息后,程序自动输出系统模型。传统的建模方法在这方面存在一定的问题,如事件树无法描述故障或者机理之间的逻辑和时间相关关系;故障树提供了故障模式逻辑关系的建模方法,但是在时间动态性方面还存在一定的缺陷;Petri 网在表达故障动态性方面有其优势,但对于逻辑和时间相关性的表达过于复杂,难以实现程序替代。为解决这些问题,本章需要研究一套新的建模方法,即推理模型建立方法,所建立的系统模型称为推理模型,之后在此基础上实现程序替代,自动推理故障场景。

8.2 故障场景树

故障场景树是一种将系统内部故障和外部事件的发生按照逻辑关系和时间顺序连接成树,并使得每条分支都以一定的概率达到某一系统末态的建模方法。该方法能够从逻辑、时间和概率 3 个维度来表征系统,从而清晰刻画系统故障发生、发展的全过程。故障场景树的建立过程易于程序实现,而且建模本身就是推理故障场景的过程,最终可直接得出系统的故障场景,避免了要从模型中提取故障场景的问题。人工建立系统的故障场景树会花费大量的人力和物力,而且可能由于人的认知不足,建立的故障场景树丢失很多的信息。依据故障场景树的建模逻辑,通过自动推理引擎和自动推理算法,可自动仿真建立系统的故障场景树[18]。

8.2.1 多状态故障场景树

1. 时间顺序场景树

基于时间顺序的故障场景树,简称为时间顺序场景树(time order scenario tree,TOST),将用于故障机理层的建模。图 8-2 所示为二态系统和多状态系统各自的机理层时间顺序场景树模型。其中 M 代表状态。

对于二态系统,如图 8-2(a)所示,部件 A 从正常工作到故障只有一个阶段,部件内部相互独立的机理由于竞争关系导致了多条分支的出现,存在触发、促进、抑

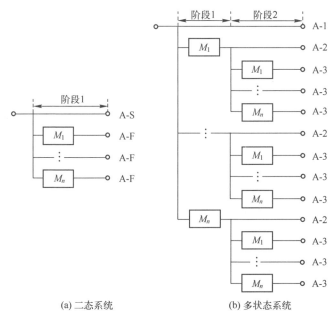

(a) 二态系统　　　　　　　　(b) 多状态系统

图 8-2　机理层时间顺序场景树模型

制和累积关系的机理将出现在同一条分支中。对于图 8-2(b)所示的多状态系统,部件 A 共存在 3 种状态,即工作(状态 1)、退化(状态 2)和故障(状态 3),部件的故障将分为两个阶段,在每个阶段中,每种机理都可能导致部件状态发生变化。如果两个分支点之间是一条实线,则表示该阶段没有机理发生,或者机理的发生不会导致部件状态的变化。从初始节点到最终节点之间所有序列的组合称为部件 A 的故障场景。

2. 故障顺序场景树

基于故障顺序的故障场景树,简称为故障顺序场景树(fault order scenario tree, FOST),将用于部件层和子系统层的建模,对于一些简单系统,子系统层建模可以省略。这里以图 8-3 所示的三状态串联、并联和表决系统为例进行说明,相应的故障顺序场景树如图 8-4 所示,其中,记号 $X-i$ 表示部件 X 处于状态 i。

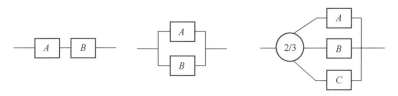

图 8-3　简易的串联、并联和表决系统

171

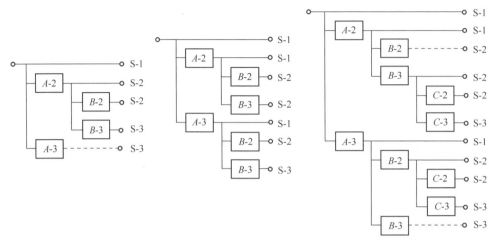

图8-4 三状态串联、并联和表决系统的故障顺序场景树模型

在绘制故障顺序场景树之前,需要先确定各部件的故障顺序。一般情况下,在确定时刻 t,可选用故障概率排序作为故障顺序,得到在该时刻最可能存在的故障序列。由于工作状态表示没有故障发生,因而不会出现在故障顺序场景树中。

在第一个分支点处,列出第一个部件所有可能的故障状态。在下一层分支点处,列出下一个部件所有可能的故障状态,并以此类推。如果某一部件没有故障,则认定后续部件不会故障,用实线表示。在完成所有部件的分析之前,若有序列可以直接得出系统末态,则不需要再考虑后续部件的状态,用虚线表示,比如串联系统中的 $A-3$ 和表决系统中的 $A-3$、$B-3$。每一条序列的概率就是该序列上所有事件的概率之积。

总地来说,时间顺序场景树和故障顺序场景树均可采用广度优先遍历的搜索方式,通过应用故障机理相关性、提前确定故障顺序以及提前达到末态等方式来减少序列数量,得出所有可能的有效逻辑场景,这也是利用程序代替人为建模的关键之处。

8.2.2 多阶段任务系统故障场景树构建方法

1. 事件顺序场景树

多阶段任务系统主要关心的层面有系统层、阶段层、任务层和总任务末态,一般情况下仅针对一个系统进行研究,那么系统层将合并到阶段层中,如果系统只需要执行一个任务,那任务层也可以省略,阶段层将成为最主要的研究对象。

在这些层面中,采取一种新的构图逻辑,即事件顺序。基于事件顺序的故障场景树,简称为事件顺序场景树(event order scenario tree,EOST)。假设有一个两阶段任务系统,即一个任务中包含了两个顺序发生的阶段,分别为 Ph1 和 Ph2。图 8-5 给出了该任务的事件顺序场景树,其中,记号 Phi-X 或 MS-X 表示处于阶段 i 或当前任务下系统是正常(S)或故障(F)状态。

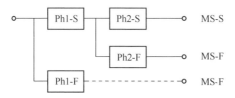

图 8-5　两阶段任务的事件顺序场景树模型

阶段层和任务层的主要特点在于事件的发生顺序是确定的。如果前一阶段出现故障,那么后一阶段将无法进行。在事件顺序场景树中,首先按顺序列出所有阶段成功的序列。然后返回前一个分支点处分析所有可能的分支信息。以此类推,直到完成第一个分支点的分析,从而得出所有可能的故障场景。

2. 多状态事件顺序场景树

一般来说,多阶段任务系统只考虑二态的情况。然而,当综合考虑多状态系统和多阶段任务系统时,阶段层和任务层也存在多种状态,这时事件顺序场景树将升级为多状态事件顺序场景树。以上节的两阶段任务为例,其多状态事件顺序场景树如图 8-6 所示。其中,记号 Phi-j 或 MS-j 表示处于阶段 i 或当前任务下系统的状态为 j。

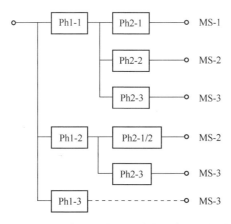

图 8-6　两阶段任务的多状态事件顺序场景树模型

需要注意的是,只要 Ph1 处于退化状态(Ph1-2),那么 Ph2 的所有非故障状态(Ph2-1/Ph2-2)不影响任务末态,因而可以放在同一条序列中,从而减少序列数量。

8.3 自动推理引擎

要实现系统故障场景从原先的人为推理转变为自动推理,需要解决一个核心难题,即如何让程序知道每条分支在什么时候即可达到末态以及达到怎么样的末态。也就是说,自动仿真推理的过程需要引导,在本章中,这种引导通过基于专家系统的推理引擎实现。

专家系统是人工智能领域的一个重要分支,它是一组计算机程序,用于模拟人类专家解决问题。专家系统通过编程建立数据库,将相关领域内的专家知识转换成数据或代码,并采用推理的方式对系统的输入进行判断和决策,并将推理得出的结果反馈给用户。一个完整的专家系统包含很多结构,主要有知识库、推理机、解释机构、知识获取机构及人机接口等。为建立推理引擎,本章只需要用到知识库和推理机。

知识库可分为两类:一类是规则库;另一类是事实库。规则库主要用于存储领域专家对一些事物做出的判断及其依据,即推理规则。推理规则的表示形式主要有 3 种,即 IF-THEN、WHEN-NEED 和 WHEN-CHANGE,此处仅采用第一种表示形式,具体为:IF(条件 1) AND (条件 2) AND …,THEN(结论 1) AND (结论 2) AND …。举一个简单的例子,假设已知一个系统仅包含 A 和 B 两个部件,并以串联方式连接,又知道部件 A 出现故障,就可以得出系统故障的结论。对于这样一条推理规则可表示为:IF(A 和 B 串联) AND (A 故障),THEN(AB 系统故障)。

事实库主要用于存储研究对象的相关事实,这些事实可以是用于规则匹配的前提条件,如上例中的"A 和 B 串联"和"A 故障",也可以是通过规则推理得出的新事实,如"AB 组成的系统发生故障",而新的事实也可以成为其他规则的输入。

推理机中主要是一些推理机制,推理机制可分为两大类,即正向推理和逆向推理。正向推理属于数据驱动,即根据事实库中已有的事实,通过匹配规则库中的规则,得出新的事实并加入到事实库中,新事实再通过匹配其他规则得出进一步的新事实,如此迭代直到达到目标。例如,系统除了 A 和 B 还有其他部件,那么利用"A 和 B 串联"和"A 故障",通过匹配规则 IF(A 和 B 串联) AND (A 故障),THEN(AB 系统故障),得到新事实"AB 系统故障"后,再结合系统中其他部件的状态和连接形式,匹配规则直至得到整个系统的状态。逆向推理属于目标驱动,即根据所要推理的目标,在规则库中寻找得到该结论的规则,再提取其前提条件,在事实库中匹配相应信息,如果不存在,则以此为子目标进一步搜索规则库,直到所有条件均存在于事实库中。规则库、事实库以及推理机制的关系如图 8-7 所示。

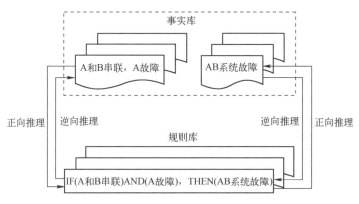

图 8-7　规则库、事实库和推理机制的关系

8.3.1　规则库的建立

规则库用于存储产品故障相关规则,这些规则是通过专家系统技术来建立的。规则采用 IF-THEN 形式表达,具体为:IF(条件 1) AND (条件 2) AND … THEN (结论 1) AND (结论 2) AND …。

故障行为的规则分为两个层次,即故障机理层和部件层,这种分类方法与后面所建立的推理引擎的分层方式是一致的。

1. 故障机理层

故障机理层的规则主要来源于故障机理相关关系。第 6 章介绍了 6 种故障机理相关性,分别为竞争、触发、促进、抑制、损伤累加和参数联合。依据各种机理的作用效果,匹配 6 种机理相关性,判别各机理之间存在的相关关系。如果匹配到竞争关系,那么分别采用"IF(机理),THEN(机理) AND (state = state + 1)"的形式存储到规则库中。满足其他关系的机理需要合并处理,在进行合并处理时应注意包含所有可能的情况,如发现"作用于同一电子产品互连焊点的热疲劳(TF)和振动疲劳(VF)存在损伤累加关系",那么将存在以下 3 条规则。

(1) IF(VF) AND(TF),THEN(VFΔTF) AND(state=state+1)。

(2) IF(VF) AND(NOTF),THEN(VF) AND(state=state+1)。

(3) IF(TF) AND(NOVF),THEN(TF) AND(state=state+1)。

一般情况下,不考虑 3 个及以上机理相互作用的情况。此外,还需要增加一条规则,表示如果没有任何机理发生,那么部件的状态不变,即

$$IF(---),THEN(---) AND(state=state)$$

其中,字符"---"表示没有机理发生的情况。

2. 部件层

这里所说的部件层实际指的是部件层和子系统层,由于所用的规则是一致的,

因而合并处理。部件层存储的规则主要是单元之间的功能逻辑关系规则,包括串联、并联、表决和旁联关系等。部件层的规则主要用于判定满足不同逻辑关系情况下的不同部件状态所对应的系统末态。

3. 阶段层

这里所说的阶段层包括阶段层和任务层。由于阶段和任务都是按顺序逐一进行的,相当于串联关系,因而这一层次仅存在这一条规则。

8.3.2 事实库的建立

事实库用于存放研究对象自身的一些信息,并用于匹配故障行为规则库中的规则。事实库也采用分层的形式存储事实,与规则库一样分为故障机理层、部件层和阶段层。

1. 故障机理层

事实库的建立过程相当于系统分析过程。故障机理层事实库主要存放各个部件可能的故障机理,这些信息可以从历史故障数据中获取,也可以依据专家经验得出。一个比较好的获取途径是采用 FMMEA 方法,结合一些经验数据,分析得出各部件的故障机理信息。此外,故障机理层事实库还需要包含一些外部可能发生的事件,这些事件可能会对故障机理的发生产生一定的作用。

2. 部件层

部件层事实库主要存放各阶段系统中各部件的功能逻辑连接方式,相当于可靠性框图。对于较大的系统,可按照功能及逻辑关系分为多个子系统,先分析每个子系统内部的连接关系,再分析各个子系统之间的连接关系。在分析部件关系时,从某一部件开始,先分析与其存在功能相关的部件,再分析这一整体与下一部件的逻辑关系,以此类推直到遍历所有的部件,部件的分析顺序将依据具体研究对象而定。总地来说,部件层事实库的建立过程与系统可靠性框图的建立过程一致,只是采用程序语言将其存储在数据库中。

3. 阶段层

阶段层事实库主要存放各个阶段的出现顺序,对于包含多项任务的系统,还需要记录各任务的执行顺序。

8.3.3 推理引擎的建立

在准备好故障行为规则库以及研究对象事实库后,就可以建立推理引擎了。推理引擎的建立主要基于专家系统中的推理机制,包括正向推理和逆向推理两种。推理引擎依旧划分为故障机理层和部件层两个层次。

1. 故障机理层

故障机理层的推理引擎实质是每个部件的推理引擎,它用来告诉程序,该部件内部的机理经过怎样的发展即可得出部件状态。机理层推理引擎的建立过程采用的是正向推理机制,这种推理机制需要依托于推理模型的建立方法,故障机理层采用时间顺序场景树,这里通过一个简单的例子来说明该层次推理引擎的建立方法。

假设部件 A 的事实库中存在 3 种机理,分别是热疲劳(TF)、振动疲劳(VF)和热载流子注入(HCI)。部件 A 存在 3 种状态,分别是工作状态"1"、退化状态"2"及故障状态"3"。那么部件 A 的故障过程将分为两个阶段,即状态"1"到状态"2"、状态"2"到状态"3",因而需要经过两轮规则匹配。在进行规则匹配之前,需要在 A 的事实库中加入一个新的事实,即字符"---"。在进行第一轮规则匹配时,设定部件初始状态为"1",输入事实库['---','VF','TF','HCI'],匹配到以下 3 条规则。

(1) IF(---),THEN(---)AND(state=state)。

(2) IF(VF)AND(TF),THEN(VFΔTF)AND(state=state+1)。

(3) IF(HCI),THEN(HCI)AND(state=state+1)。

将匹配得到的结果记录下来作为当前路径:[---]、[VFΔTF]、[HCI],计算各路径当前状态值。因为没有路径可以跳出匹配循环,所以将结果都加入到事实库中,进入第二轮规则匹配。第二轮匹配到的依旧是这 3 条规则,将得到的 3 个结果作为后续路径添加到先前记录的 3 条路径的后方,并计算各路径状态值。从而得到部件 A 的推理引擎,其中包含 9 条路径信息,如表 8-1 所列。这些信息将作为新的规则用于引导搜索算法实现场景自动推理。

表 8-1　部件 A 的推理引擎

路　径	状　态
[---,---]	1
[---,VFΔTF]	2
[---,HCI]	2
[VFΔTF,---]	2
[VFΔTF,VFΔTF]	3
[VFΔTF,HCI]	3
[HCI,---]	2
[HCI,VFΔTF]	3
[HCI,HCI]	3

2. 部件层

部件层的推理引擎实质是整个系统的推理引擎。与故障机理层不同的是,推理模型中部件层的分支信息一般都是相当多的,推理引擎不可能覆盖所有的分支信息。为此,部件层采用逆向推理机制来得出达到系统末态时所有前提条件的最小割集。此外,由于采用逆向推理机制,部件层推理引擎的建立并不依赖于推理模型的建立方法。这里以图8-8所示的简单系统为例,来说明部件层推理引擎的建立方法。

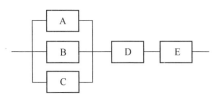

图 8-8　一个简单系统示例

假设系统本身以及部件A~E均存在3种状态,分别是工作状态"1"、退化状态"2"以及故障状态"3"。设定系统目标状态为"1",首先通过事实库中记录的串联关系,匹配串联规则得到前提路径信息为"ABC-1,D-1,E-1",其中"D-1,E-1"可在事实库中查找到,而"ABC-1"通过查找事实库得到并联关系,匹配并联规则得到3条前提路径"A-1""B-1""C-1",分别替换先前路径中的"ABC-1"得到3条新的路径信息,由于路径中所有的信息都可在事实库中查找到,则匹配结束,得到系统状态为"1"的所有路径信息为"A-1,D-1,E-1""B-1,D-1,E-1""C-1,D-1,E-1"。同理,可得出系统状态为"3"的所有路径信息。由于系统只存在3种状态,因此所有不满足系统状态"1"和"3"前提路径的分支的系统末态均为"2"。从而得到图8-8所示系统的推理引擎为

State_1 = [[A-1,D-1,E-1],[B-1,D-1,E-1],[C-1,D-1,E-1]]

State_3 = [[A-3,B-3,C-3],[D-3],[E-3]]

State_2 = [others]

这里的推理引擎仅有7条路径信息,而推理模型中最多可能包含 $3^5 = 243$ 条分支信息。在建立好各层次推理引擎后,依据不同层次故障场景的特点,研究相应的推理算法,即可实现场景的自动推理。

8.4　场景自动推理算法

在确定推理模型建立方法,并建立好推理引擎之后,就可以进行故障场景的自动推理了。故障场景树的建立过程实质是故障场景的搜索过程。对于一些小型系统,可采用遍历的搜索算法推理出系统各个层次的所有故障场景。然而,对于一些复杂的大型系统,遍历算法很容易导致分支爆炸的情况出现,虽然分层的方式以及推理模型采用的构图逻辑可以在一定程度上减少无用的分支信息,但这也只是杯

水车薪,不能从根本上解决问题。此外,对于大型系统,分析人员往往不需要得出系统所有的故障场景,而是只关心一些特定的场景信息,如概率最大的一些场景或者危害性最高的一些场景等。

考虑到机理层和阶段层的故障场景往往比较有限,本章将采用遍历算法推理出这两层所有的场景信息。大型系统的复杂性主要体现在部件层,即部件个数繁多,逻辑关系复杂,可采用优化算法依据分析目标优先推理出部分场景信息,以避免部件层分支爆炸以及盲目搜索的情况出现。

为避免读者混淆,这里需要对两个术语的概念进行定义:节点和分支点。以图 8-9 所示的场景序列为例,图中每条场景序列中的元素及末态信息,如 A-1、B-1 和 S-1 等均称为节点;而导致场景树出现新的分支的点,如点 X,称为分支点。

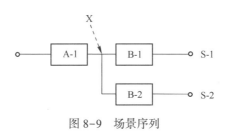

图 8-9　场景序列

深度优先搜索采用的是一种递归的过程,效率比较低,而且容易出现分支遗漏,通常需要和回溯搜索算法相结合。故障场景树是一种分层的树状结构,以某部件为例,机理层场景树中每一层分支点处所展开的分支均为该部件内部的机理,每展开一层就代表部件状态下降一个等级,这种分层结构与广度优先搜索的原理相一致。因此,采用广度优先搜索的遍历方式可以建立故障场景树,推理得出所有可能的场景序列。广度优先搜索(breadth first search, BFS)算法是从起始节点 v 开始,依次访问与 v 相邻的所有未被访问节点 $v_1, v_2, \cdots, v_n$,并将这些节点标记为已访问,而后再依次选择 $v_1, v_2, \cdots, v_n$ 作为当前节点,访问各节点相邻的所有未被访问节点,以此类推直到所有的节点均被标记为已访问。

8.4.1　机理层遍历推理

采用 BFS 算法进行机理层故障场景的遍历推理。以图 8-8 所示的三状态部件为例,机理层的场景包含两层分支。在进行推理前,需要设定一条搜索规则:如果父节点为"---",那么认定其子节点只能为"---"。这是由于"---"表示没有机理发生的情况,在这种情况下,部件状态不会发生变化,如果子节点接其他元素,如 $[---, M_1]$,那么该分支与 $[M_1]$ 重复,因而设定该规则,避免重复搜索。

8.4.2　阶段层遍历推理

阶段的执行顺序是确定的,为每一阶段建立一个列表,用于存放该阶段的状态,以三状态系统为例,每个阶段列表中都包含该阶段的 3 种状态,再利用一个列表存放阶段顺序。一次读入各阶段的所有状态,由推理引擎提供末态信息,直至遍历完所有阶段且反馈模态分支。

8.4.3　部件层优化推理

对于大型系统,往往不能也不需要遍历出系统所有的故障场景,而是依据分析目标,优先推理出分析人员感兴趣的部分故障场景,部件层场景的自动推理旨在依据分析目标优先推理出部分场景信息,为此,需要采用最优化方法进行推理,本章研究了一种基于改进 A ∗ 算法的部件层优化推理方法。A ∗ 算法是人工智能领域一种典型的启发式搜索算法,它被广泛应用于最短路径的求解问题中。同类算法还有 Dijkstra 算法、Bellman - Ford 算法、Floyd 算法和 SPFA 算法等,但相较而言,A ∗ 算法更适用于场景推理,并且收敛速度较快,形式简单,便于改进。

A ∗ 算法的核心在于代价函数的设计,A ∗ 算法利用代价函数评估每个节点的代价值,通过比较选择最小代价的节点作为当前最优节点,接着扩展此节点寻找下一个最优节点,如此迭代直到目标节点成为最优节点,由此得出从起始节点到目标节点的最小代价路径。设搜索的起始节点为 S,目标节点为 T,搜索过程中的某一中间节点为 n,则 A ∗ 算法的代价函数定义为

$$f(n) = g(n) + h(n) \qquad\qquad (8-1)$$

式中:$g(n)$ 为从起始节点 S 到节点 n 的最小代价路径的实际代价;$h(n)$ 为节点 n 到目标节点 T 的最小代价路径的估计代价;$f(n)$ 为当前节点 n 的代价函数,即从起始节点到目标节点并通过节点 n 的最小估计代价值。

只要 $h(n)$ 不大于节点 n 到目标节点 T 的最小代价路径的实际代价($h^*(n)$),并且状态空间中的确存在节点 S 到 T 的可行路径,A ∗ 算法就可以找到其中的最优路径。

A ∗ 算法可以在一个树状图中搜索出一条最优路径,而场景智能推理要求得到若干条感兴趣的场景信息,为此,需要对算法进行改进。本章改进方法的提出是受到这样一个事实的启发:利用 A ∗ 算法可以在一棵故障场景树中推理出最优分支,那么,得到这条分支后,可将其提取出来,在剩下的场景树中继续搜索最优分支,然后提取出来继续搜索,如此循环迭代直至达到分析人员要求的场景条数或代

价阈值为止,每次提取出的信息都是剩余场景树中的最优分支,这样就可以得到多条而非一条最优路径。

8.4.4　故障场景的智能推理

利用改进 A * 算法推理故障场景的第一步是确定代价函数。代价函数是依据分析人员的需要而确定的,一般情况下,分析人员感兴趣的是出现概率最大的若干条场景信息,因此可将各节点的代价值定为该节点出现的概率,搜索目标定为概率值最大的故障场景。需要说明的是,代价函数和搜索目标的定义不影响算法的实现过程。其次需要定义部件顺序。部件层采用故障顺序场景树,选用各部件的故障状态概率递减排序作为部件顺序。由于不同时刻下各部件的故障概率不同,因而部件顺序也不尽相同,从而需要设定某一时刻 t 作为当前分析时刻。在确定了当前时刻 t 时的部件顺序后,就可以利用改进的 A * 算法进行场景推理了。大型系统部件层的故障场景往往是非常多的,然而在确定的时刻 t,真正影响系统风险的场景,一般是有限的,这降低了改进 A * 算法的时间复杂度。图 8-10 给出了故障场景自动推理方法的流程框图。

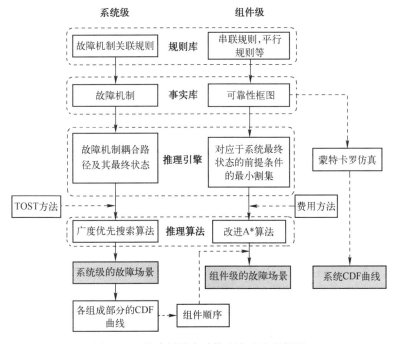

图 8-10　故障场景自动推理方法流程框图

8.5 案例分析

8.5.1 系统分析

图 8-11 是某航空发动机控制系统电源模块的可靠性框图。该模块由 9 个部件组成,各部件的符号及名称如表 8-2 所列。滤波器 L 主要起滤波作用。电阻器 R_1 和 R_2 用于电路缓冲。晶闸管 V 用于接收反馈信号控制电压。由 DC-DC 转换器 D_1、D_2、D_3 和探测器 C 组成的旁联结构用于将输入的高电压降低为稳定的 ±15V 直流电压并输出到插座 X 中。探测器 C 在工作期内会发生故障,储备单元 D_2 和 D_3 在储备期间也可能发生故障,但故障速率小于工作期,属于温储备。

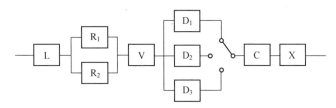

图 8-11 某电源模块可靠性框图

表 8-2 电源模块中的部件

元器件符号	元器件名称
L	滤波器
R_1、R_2	电阻器
V	晶闸管
D_1、D_2、D_3	DC-DC 转换器
C	探测器
X	插座

假设该系统以及系统中的每个部件都存在 3 种状态,分别是工作状态(状态1)、退化状态(状态2)和故障状态(状态3)。在本案例中,部件内部至少存在一种故障机理,如果存在多种故障机理,那么机理之间可以存在一定的相关关系。机理类型可以是退化型,也可以是过应力型,并且单独作用时,过应力型机理将直接导致部件故障,不存在中间状态。

案例中各部件的故障机理及其分布如表 8-3 所列。对于存在 3 种状态的部件,故障过程将分为两个阶段,即工作状态到退化状态、退化状态到故障状态。部件不同状态下,故障机理的分布类型不变,但参数值将发生变化(表 8-3)。需要说明的是,由于 Crack 属于过应力型机理,故障的发生将取决于冲击发生的时间,这里将其定为 6500h。

表 8-3 故障机理及其分布

元器件	故障机理		概率分布类型	参 数 值				
				退化态分布参数		故障态分布参数		冲击时间
				$\beta(\theta)$	$\eta(\sigma)$	$\beta(\theta)$	$\eta(\sigma)$	
L	TDDB		Lognormal	8.11	0.55	9.78	0.41	—
	NBTI		Lognormal	7.98	0.47	8.41	0.29	—
	EM		Weibull	0.92	3541	1.21	4176	—
R_1,R_2	VF		Weibull	1.45	4672	2.37	5414	—
	TF		Weibull	2.01	5418	2.49	6398	—
V	Crack		—	—	—	—	—	6500
	VF		Weibull	1.15	2671	1.53	3486	—
D_1 (工作)	TDDB		Lognormal	7.45	2.06	9.18	2.49	—
	NBTI		Lognormal	7.13	2.29	8.46	3.24	—
	EM	促进前	Weibull	2.74	5372	2.98	6742	—
		促进后	Weibull	2.41	3974	2.79	4971	—
	Creep		Weibull	3.11	7128	3.49	8088	—
D_2,D_3 (储备)	TDDB		Lognormal	10.94	3.28	12.42	3.46	—
	NBTI		Lognormal	9.78	2.96	11.33	3.36	—
	EM	促进前	Weibull	3.94	8271	4.19	9042	—
		促进后	Weibull	3.44	6649	3.72	7031	—
	Creep		Weibull	4.21	9428	4.89	10483	—
C	VF		Weibull	1.84	4772	2.07	5110	—
	TF		Weibull	3.05	6818	3.49	8092	—
X	EC		Weibull	0.97	1543	1.26	2416	—

8.5.2 故障机理层场景推理

以部件 D_1 为例,由于部件内部机理并非是相互独立的,因而需要对读入的机理列表进行修改。将推理引擎首次匹配得到的结果综合起来作为读入的机理列表,即[[---],[TDDBΔNBTI],[Creep,EM↑]],这样即可保证具有竞争以外相关关系的机理出现在同一条分支上。

三状态部件需要经过两轮推理。在进行第一轮推理时,读入机理列表,产生 3 条新分支,访问推理引擎发现没有分支可以达到末态,如图 8-12(a)所示。进入第二轮推理,读入机理列表。当父节点为"---"时,依据先前设定的搜索规则,仅展开一条分支,子节点为"---"。其余父节点均展开 3 条新分支。访问推理引擎所有分支均达到末态,提取各分支部件状态值形成末态事件放在每条分支之后,如图 8-12(b)所示。从而得到部件 D_1 的所有场景信息。基于推理得到的场景树和表 8-3 中的数据,通过仿真方法得出部件 D_1 处于各个状态的概率随时间变化的曲线如图 8-13 所示。

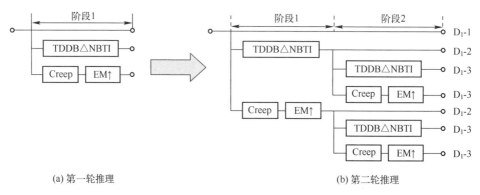

(a) 第一轮推理　　　　　　　　　　　　(b) 第二轮推理

图 8-12　部件 D_1 场景推理图

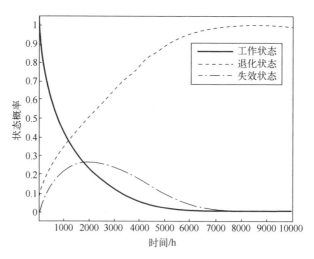

图 8-13　部件 D_1 状态概率图

利用类似的步骤可以得出其余部件的故障场景树(图 8-14)及状态概率图 (图 8-15)。其中部件 D_2 和 D_3 的故障场景树与 D_1 相同,但状态概率图与 D_1 不同。在图 8-14(b) 中,"S"表示 Shock。场景"Shock,Crack,V-3"表示 Shock 发生前部件处于工作状态,由 Shock 触发的 Crack 导致部件 V 直接进入故障状态,被跳过的退化状态阶段用虚线表示。场景"VF,Shock,Crack,V-3"表示 Shock 发生前部件由于 VF 的作用处于退化状态,而后由于 Shock 触发的 Crack 导致部件故障。状态概率图中,任意时刻各部件状态概率之和均为 1。在图 8-15(c) 中,部件 V 在 6500h 时受到 Shock 作用而导致故障状态的概率突变为 1,其余状态概率变为 0。

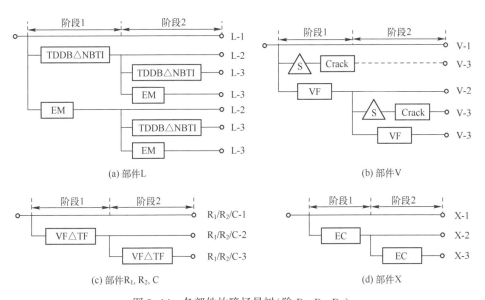

(a) 部件L　　　　　　　　　　　　(b) 部件V

(c) 部件R_1, R_2, C　　　　　　　　(d) 部件X

图 8-14　各部件故障场景树(除 D_1、D_2、D_3)

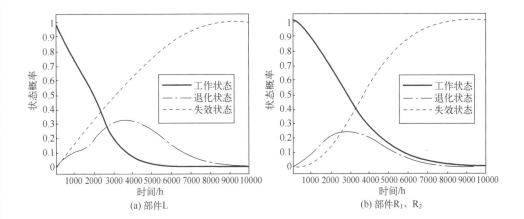

(a) 部件L　　　　　　　　　　　　(b) 部件R_1、R_2

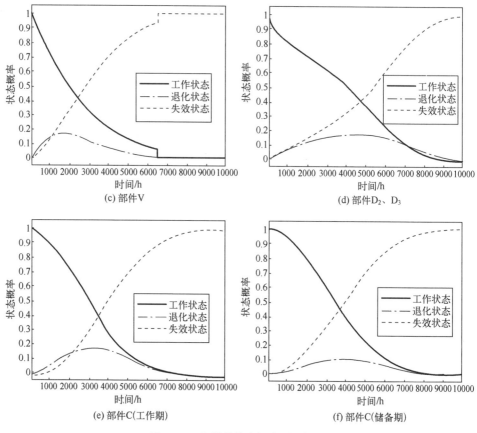

图 8-15 各部件状态概率图（除 D_1）

8.5.3 部件层场景推理

1. 推理引擎的建立

部件层推理引擎的建立采用的是逆向推理机制。针对三状态系统，首先设定匹配目标为系统处于工作状态，即 System-1，将其放入事实库。通过依次匹配串联、并联和旁联规则，结合各部件组合，得出系统状态为"1"时各部件状态所有可能的组合情况的最小割集如下。

State_1 = [[L-1,R1-1,V-1,D1-1,X-1],

[L-1,R1-1,V-1,D1-3,C-1,D2-1,X-1],

[L-1,R1-1,V-1,D1-3,C-1,D3-1,X-1],

[L-1,R2-1,V-1,D1-1,X-1],

[L-1,R2-1,V-1,D1-3,C-1,D2-1,X-1],

[L-1,R2-1,V-1,D1-3,C-1,D3-1,X-1]]

采用类似的步骤也可以得出系统处于故障状态时,各部件状态所有可能的组合情况的最小割集,即

State_3 =[[L-3],[R1-3,R2-3],[V-3],[D1-3,C-3],[D1-3,D2-3,D3-3],[X-3]]

由于系统只可能存在 3 种状态,并且退化状态下部件状态组合情况过多,因而设定不满足状态"1"和"3"的其他情况均为状态"2",即 State_2 =[others]。将 State_1、State_2、State_3 结合起来即为本案例系统的推理引擎。

2. 场景自动推理

将分析目标定为推理出概率最大的若干场景信息,设定 $t=4000h$,依据推理模型的建立方法,首先需要确定部件的故障顺序。依据图 8-13 和图 8-15 所示的部件状态概率随时间变化的曲线,可以得出在 $t=4000h$ 时,各部件处于各状态的概率如表 8-4 所列。

表 8-4　4000h 时部件状态概率

部件	状态概率		
	正常工作状态	退化状态	故障状态
L	0.0647	0.3164	0.6189
R_1,R_2	0.2619	0.1858	0.5523
V	0.2093	0.0741	0.7166
D_1	0.0486	0.1705	0.7809
D_2,D_3	0.5181	0.1706	0.3113
C	0.4000	0.1052	0.4948
X	0.0797	0.0747	0.8456

按照故障状态概率递减排列各部件的顺序为 X、D_1、V、L、R_1、R_2、C、D_2、D_3。这将作为部件在 $t=4000h$ 的输入顺序。接下来就可以进行场景推理了。由于只需搜索出概率值最大的若干场景,因而不需要构建整个故障机理树,这里采用网络有向图的形式来表示系统的故障场景,如图 8-16 所示。起始节点 S 和目标节点 T 的代价值均设定为 1,其余节点代价值定为该节点出现的概率。

场景的推理过程完全由改进的 A * 算法推理程序自主进行。表 8-5 给出了 $t=4000h$ 时,出现概率最大的 15 条场景。

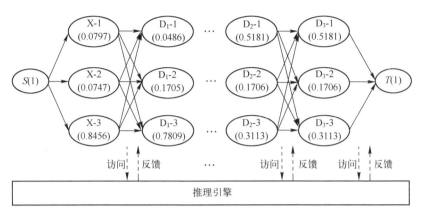

图 8-16 故障场景网络有向图

表 8-5   4000h 时出现概率最大的 15 条场景

序　　号	场　　景	概　　率	概率之和
1	<X-3,Sys-3>	0.8456	
2	<X-1,D_1-3,V-3,Sys-3>	0.0446	
3	<X-2,D_1-3,V-3,Sys-3>	0.0418	
4	<X-1,D_1-2,V-3,Sys-3>	0.0097	
5	<X-2,D_1-2,V-3,Sys-3>	0.0091	
6	<X-1,D_1-3,V-1,L-3,Sys-3>	0.0081	
7	<X-2,D_1-3,V-1,L-3,Sys-3>	0.0076	
8	<X-1,D_1-3,V-2,L-3,Sys-3>	0.0029	0.9835
9	<X-1,D_1-1,V-3,Sys-3>	0.0028	
10	<X-2,D_1-3,V-2,L-3,Sys-3>	0.0027	
11	<X-2,D_1-1,V-3,Sys-3>	0.0026	
12	<X-1,D_1-2,V-1,L-3,Sys-3>	0.0018	
13	<X-2,D_1-2,V-1,L-3,Sys-3>	0.0017	
14	<X-1,D_1-3,V-1,L-2,R_1-3,R_2-3,Sys-3>	0.0013	
15	<X-2,D_1-3,V-1,L-2,R_1-3,R_2-3,Sys-3>	0.0012	

依据表 8-5 可以看出,在 $t=4000$h 时,优先推理出的 15 条故障场景概率之和为 0.9835。然而,在该时刻,可能存在的总场景有数千条,其余场景出现的概率之和仅为 0.0165。从而保证算法在经过有限的循环之后即可得出系统在当前时刻处于各状态的概率,进而降低算法的时间复杂度。此外,$t=4000$h 时优先推理出的 15 条故障场景的结果均为系统故障,这表明系统在该时刻有 98.35% 以上的概率处于

故障状态。而且,导致系统故障最可能的原因是部件 X 故障。然后,结合机理层推理得出的故障场景,可制定相应的补偿措施。

　　算法的循环截止条件不仅可以设为场景条数,也可以设为场景最低概率值或场景概率之和。假定想要确保所推理出的场景有 99% 以上的把握可以真实反映当前系统状态,那么可以设定截止条件为场景概率之和不低于 99%。在 $t = 4000h$ 时,推理出 24 条场景后,场景概率之和达到 0.9901。利用 Python 语言编译该算法,在一台普通的个人计算机(Dell Inspiron 15-5547,i5-4210U CPU 2.40GHz)上推理出 24 条场景的总耗时为 11.7s。$t = 4000h$ 时场景条数与场景概率之和的关系如图 8-17 所示。

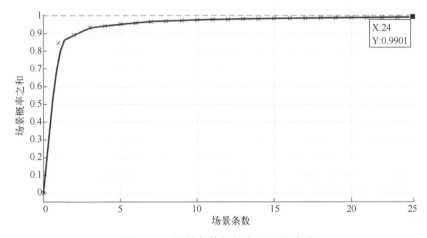

图 8-17　场景条数与概率之和的关系

　　利用类似的方法可以推理得出系统在其他时刻,最有可能出现的若干场景,并依据各场景的概率以及末态确定系统在当前时刻处于各状态的概率。从理论上讲,只要分析的时刻足够多,就可以拟合出整个系统的状态概率图。然而,这将大大增加算法的循环次数,增加推理时间,违背了针对大型系统设定此优化推理算法的初衷。

　　基于随机数生成的蒙特卡罗仿真,可以更加高效地获得系统的状态概率图。利用机理层推理得到的各部件状态概率数据,结合部件层推理引擎所确定的系统状态与部件状态之间的关系,利用蒙特卡罗仿真方法得出系统处于各个状态的概率随时间变化的曲线如图 8-18 所示。

　　图 8-18 还给出了利用场景推理方法得出的 20 个时刻系统处于故障状态的概率(截止条件均为概率之和 99% 以上)拟合而成的曲线,它和仿真结果的误差控制在 4% 以内。这表明利用自动推理方法得到的场景和利用仿真方法得到的状态概率是吻合的。

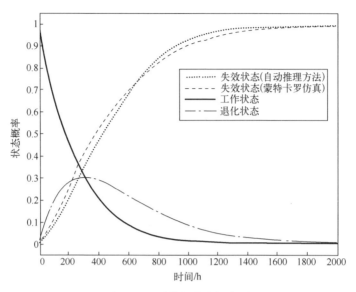

图 8-18　系统的状态概率图

8.6　本章小结

　　本章主要介绍了基于故障场景自动推理的风险评估方法,并以实际案例说明了分析的过程。本章中所提到的故障机理层广度优先搜索算法和部件层的 A * 算法是自动建模推理领域常用的算法,适用于功能和结构复杂、工作场景多样的电子产品的风险分析建模。这两种方法在工程中应用具有一定的难度,需要专业人员编制软件后,工程人员利用软件进行分析和计算。

📖 **参考文献**

[1]　李静辉. 基于零方差重要抽样和引导仿真的概率风险评估方法研究[D]. 北京:北京航空航天大学,2011.

[2]　MERCURIO D,PODOFILLINI L,ZIO E,et al. Identification and classification of dynamic event tree scenarios via possibilistic clustering:Application to a steam generator tube rupture event [J]. Accident Analysis and Prevention,2009,41(6):1180-1191.

[3]　PODOFILLINI L, ZIO E, MERCURIO D, et al. Dynamic safety assessment:Scenario identification via apossibilistic clustering approach [J]. Reliability Engineering and System Safety,2010,95(5):534-549.

[4]　ZIO E,MAIO F D. Processing dynamic scenarios from a reliability analysis of a nuclear power plant digital instrumentation and control system [J]. Annals of Nuclear Energy,2009,36(9):

1386-1399.

[5]　MANDELLI D,YILMAZ A,ALDEMIR T,et al. Scenario clustering and dynamic probabilistic risk assessment [J]. Reliability Engineering and System Safety,2013,115(1):146-160.

[6]　HU Y W. A guided simulation methodology for dynamic probabilistic risk assessments of complex systems [D]. College Park:University of Maryland,2005.

[7]　HU Y W,NEJAD H,ZHU D F,et al. Solution of phased-mission benchmark problem using the SimPRA dynamic PRA methodology[C]. Probabilistic Safety Assessment Management,New Orleans,2006.

[8]　ZHU D F. Integrating software behaviour into dynamic probabilistic risk assessment [D]. College Park:University of Maryland,2005.

[9]　ZHU D F,MOSLEH A,SMIDTS C. Software modelling in a dynamic PRA environment (PSAM-0420)[C]//International Conference on Probabilistic Safety Assessment & Management,2006.

[10]　ZHU D F. A framework to integrate software behaviour into dynamic probabilistic risk assessment [J]. Reliability Engineering and System Safety,2007,92:1733-1755.

[11]　NEJAD H,MOSLEH A. Automatic risk scenarios generation using system functional and structural knowledge [C]//Proceedings of International ASME Mechanical Engineering Congress andExposition,2005.

[12]　NEJAD H. Automatic generation of generalized event sequence diagrams for guiding simulation based dynamic probabilistic risk assessments of complex systems [D]. College Park:Universityof Maryland,2007.

[13]　NEJAD H,ZHU D F,MOSLEH A. Hierarchical planning and multi-level scheduling for simulaition-based probabilistic risk assessment [C]//Proceedings of 39th Conference on Winter-Simulation, 2007.

[14]　LI B. Integrating software into PRA [D]. College Park:University of Maryland,2004.

[15]　SMITH C A. Integrated scenario-based methodology for project risk management [D]. College Park:University of Maryland,2011.

[16]　LI J H,KANG R,MOSLEH A,et al. Simulation-based automatic generation of risk scenarios [J]. Journal of Systems Engineering and Electronics,2011,22(3):437- 444.

[17]　LI J H, KANG R, MOSLEH A, et al. Simulation and uniform design - based automatic generation of risk scenarios[J]. Journal of Systems Engineering and Electronics,2011,22(6):1015-1022.

[18]　门伟阳. 基于行为规则的系统故障场景自动推理方法研究[D]. 北京:北京航空航天大学,2018.

[19]　YING CHEN, SONG YANG, WEI YANGMEN. Automatic generation of failure mechanism propagation scenario via guided simulation and Intelligent Algorithm[J]. IEEE ACCESS,2019(7):34762-34775.

内 容 简 介

为了定量描述产品的性能变化与故障规律,确信可靠性理论提出了裕量可靠、退化永恒和不确定 3 个可靠性科学原理,为解决目前电子产品设计改进无依据、验证评估无方向的问题提供了科学的理论依据。

本书在确信可靠性理论的基础上,从热、振动、电磁环境和电载荷角度给出电子产品的性能裕量和确信可靠性评估方法;同时阐述了故障行为与故障机理之间的物理相关关系,提出考虑故障行为的系统建模方法,并将其应用于电子产品的风险评估中,形成基于故障行为的风险评估仿真方法以及基于引导仿真的故障场景自动推理方法。

本书可作为高等院校本科生、硕士生学习和研究电子产品可靠性理论的参考,也可供广大工程技术人员在可靠性工程实践中应用参考。

In order to quantitatively describe product's performance changes and failure law, belief reliability theory puts forward three reliability scientific principles: reliable margin, eternal degradation and uncertainty, which provides a scientific theoretical basis for solving the problem that there is no basis for design improvement and no criteria for verification and evaluation of electronic products.

Based on belief reliability theory, this book presents the evaluation methods of performance margin and reliability of electronic products from the perspectives of thermal, vibration, electromagnetic environment and electrical load. At the same time, the physical correlation between failure behavior and failure mechanism is elaborated, and a system modeling method considering failure behavior is proposed, which is applied to risk assessment of electronic products to form a failure-behavior-based risk assessment simulation method and a guided failure scene automatic reasoning method.

This book can be used as a reference both for undergraduates and postgraduates to study the reliability theory of electronic products and for engineers and technicians in reliability engineering practice.

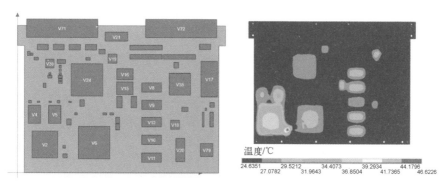

温度/℃

24.6351   29.5212   34.4073   39.2934   44.1796
27.0782   31.9643   36.8504   41.7365   46.6226

图 3-10 单板计算机热仿真分析结果

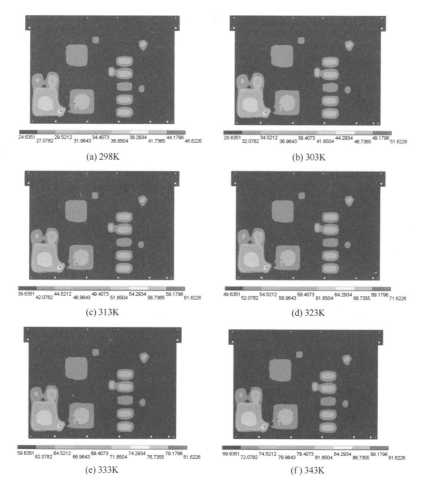

24.6351 27.0782 29.5212 31.9643 34.4073 36.8504 39.2934 41.7365 44.1796 46.6226

(a) 298K

29.6351 32.0782 34.5212 36.9643 39.4073 41.8504 44.2934 46.7365 49.1796 51.6226

(b) 303K

39.6351 42.0782 44.5212 46.9643 49.4073 51.8504 54.2934 56.7365 59.1796 61.6226

(c) 313K

49.6351 52.0782 54.5212 56.9643 59.4073 61.8504 64.2934 66.7355 69.1796 71.6226

(d) 323K

59.6351 62.0782 64.5212 66.9643 69.4073 71.8504 74.2934 76.7355 79.1796 81.6226

(e) 333K

69.6351 72.0782 74.5212 76.9643 79.4073 81.8504 84.2934 86.7355 89.1796 91.6226

(f) 343K

图 3-12 各稳态温度下的单板计算机热分析有限元仿真结果

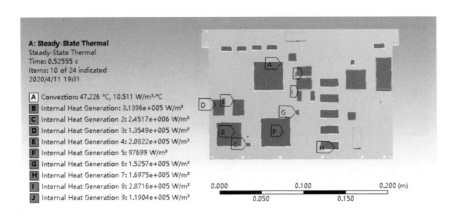

图 3-15　部分元器件的发热功率

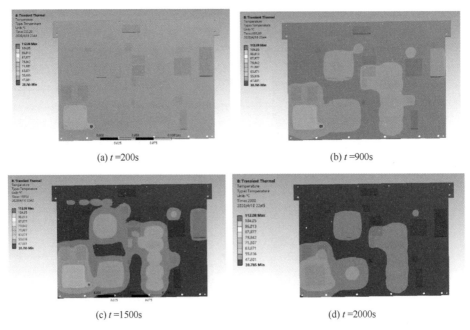

(a) t =200s　　　　　　　　　　　　　　(b) t =900s

(c) t =1500s　　　　　　　　　　　　　(d) t =2000s

图 3-16　单板计算机不同时刻的温度云图

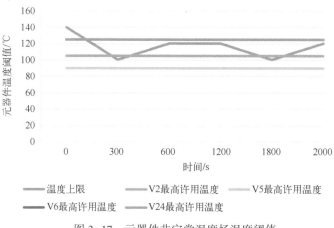

图 3-17　元器件非定常温度场温度阈值

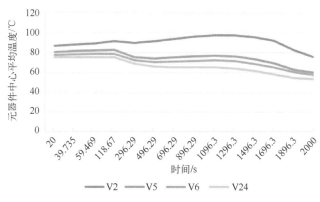

图 3-18　单板计算机元器件中心平均温度

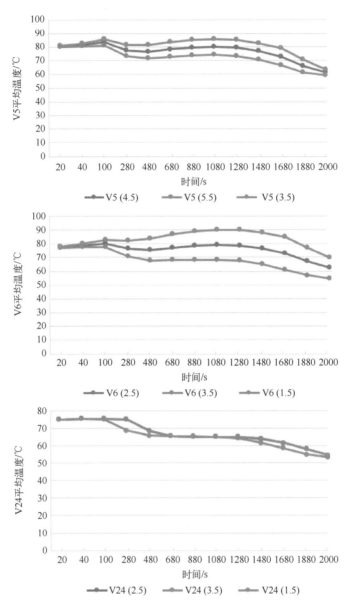

图 3-19　部分蒙特卡罗仿真样本中 V2、V5、V6、V24 平均温度变化曲线

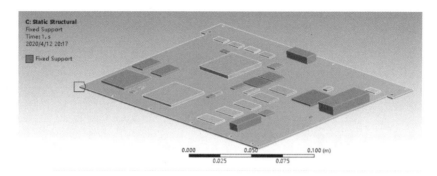

图 3-20　单板计算机的热应力仿真模型

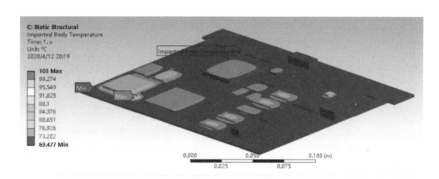

图 3-21　单板计算机热应力分析输入温度分布

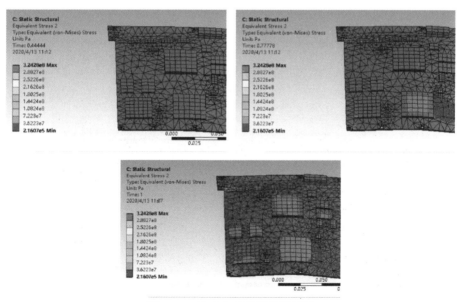

图 3-22　热应力变化及分析情况

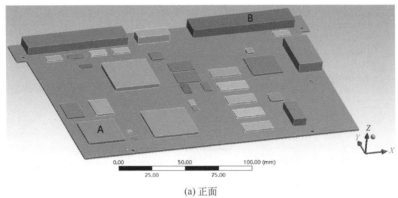

(a) 正面

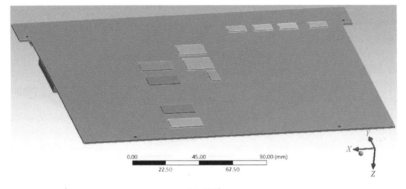

(b) 反面

图 4-13　某型单板计算机

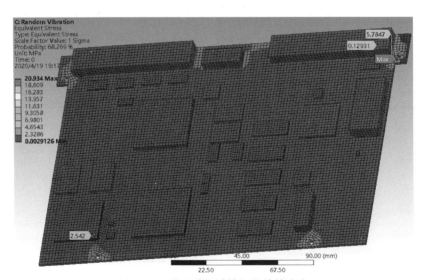

图 4-14　某型单板计算机的等效应力

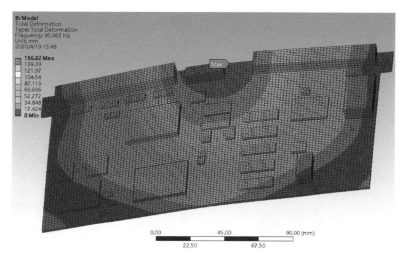

图 4-15　某型单板计算机的 1 阶模态对应总位移

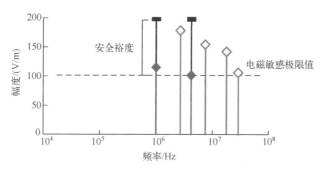

图 5-3　安全裕度示意图

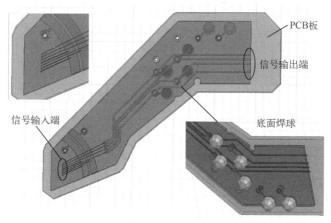

图 5-8　BGA 封装芯片的信号传输结构三维模型

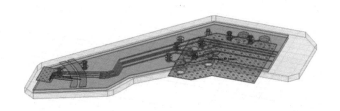

图 5-9　仿真三维模型与参考面设置

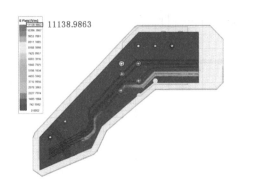

图 5-10　400ps 时的电场分布云图

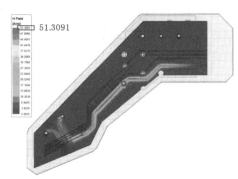

图 5-11　400ps 时的磁场分布云图

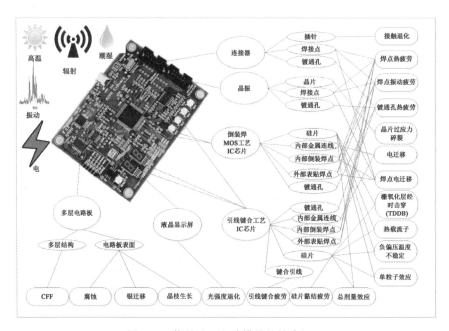

图 6-2　信号处理电路模块的故障机理